JN445292

식품미생물학 및 실험

Food Micro Biology

머리말

인간은 예로부터 미생물의 존재를 인식하진 못했지만 미생물을 이용해 왔다. 미생물은 인류에게 유해한 존재이면서 유익한 존재이기도 하다. 인간은 과학의 발전과 더불어 미생물의 존재를 인식하게 되었으며, 최근에는 다양한 방법으로 미생물을 이용하고 있다. 미생물은 공업적인 이용은 물론 지구 환경 오염의 문제를 해결할 열쇠이기도 하다. 또 미래의 대체 식량이 될 수도 있으며, 인류의 수명연장의 꿈을 이룰 의학적 도구이기도 하다.

이 책에서는 우리에게 유익하거나 유해한 미생물 중 식품과 관련이 있는 식품미생물에 대해서 제시하였다.

Part 1은 이론 부분으로, 식품미생물의 개요, 세균, 효모, 곰팡이, 버섯류, 조류, 방선균, 박테리오파지, 미생물의 생리와 대사, 미생물의 이용에 대한 기본적인 개념과 원리의 중요한 내용을 요약하여 정리하였다.

Part 2는 실험 부분으로, 실험실의 안전관리, 실험기구 사용법, 멸균조작법, 현미경의 구조와 사용법, 배지의 제조, 곰팡이검사법, 효모검사법, 일반세균 검사법, 대장균(군) 검사법, 균체 염색법(그람염색 등), 병원성미생물, PCR을 이용한 미생물의 확인 등의 주제로 실험 수업을 진행하거나 관련 내용을 학습할 수 있도록 하였다.

이 책이 식품기사, 식품산업기사, 영양사를 준비하는 수험생들에게 기초 교재로 도움이 되길 바라며, 식품미생물을 기반으로 이어지는 발효식품, 발효공학, 식품위생학을 공부하는 데 도움이 되길 바란다.

끝으로 이 책의 미비한 부분은 계속 보완할 것을 약속드리며, 원고의 출판을 위해 수고해 주신 여러 교수님들과 파워북 관계자 모두에게 감사드린다.

2014년 2월

저자 일동

차례

PART 1
식품미생물학

3장 효모

4장 세균

5장 버섯류 및 조류

FOOD
MICROBIOLOGY

PART 1
식품미생물학

01

미생물학의 개요

1. 미생물학과 인류의 생활 | 2. 식품미생물학 발달의 역사

3. 식품미생물학의 대상범위 | 4. 식품미생물학의 이용

01 미생물학의 개요

미생물은 주로 단일세포이며 균사로 이루어져 있고 최소생활 단위를 이루는 종류이다. 원핵세포prokaryotic cell는 핵물질이 흩어져 있는 세포군으로 하등미생물로 분류한다. 진핵세포eukaryotic cell는 균류, 남조류 외의 조류, 원생동물처럼 뚜렷한 핵막과 분화된 세포기관을 갖고 있는 종류로 고등미생물로 분류한다. 그 외 바이러스

표 1-1 생물계 중 미생물의 위치

군(세포구조)		성질	구성균
진핵생물 Eukaryotes	진핵생물 (진핵성)	다세포성 (세포와 조직의 분화)	• 식물: 종자식물, 이끼류(mosses), 양치류(ferns) • 동물: 척추동물, 무척주동물
		단세포성 (세포와 조직의 미분화)	• 원생생물(Protists) • 조류(Algae) • 균류(Fungi) • 원생동물(Protozoa)
원핵생물 Prokaryotes	진정세균 (원핵성) Eubacteria	진핵세포와 유사한 세포화학	• 세균(Bacteria)
	고세균 (원핵성) Archaea	독특한 세포화학	• 메탄생성세균, 호염세균, 호열산성균 등

는 실제로 세포를 형성하진 않지만 다른 세포 내에서 생명현상을 나타내므로 미생물의 종류로 분류한다.

1 미생물학과 인류의 생활

미생물은 지구상 어느 곳에서나 발견되며 특히 인체를 비롯해 동물과 식물에 공생하는 것이 많다. 예로부터 효모 및 곰팡이를 이용해 발효기법이 발달했으며, 현대 과학의 발전으로 미생물의 특성이 증명됨에 따라 식품, 의약품, 공산품 등 다양한 산업에 적용되고 있다. 최근 미생물학의 발전은 균주 개발에 유전공학적 방법을 적용하고 있다. 예전에는 생산할 수 없었던 생물의약품도 미생물을 이용한 유전공학적 방법을 적용하여 대량생산이 가능하게 되었다. 미생물은 분해능력도 매우 뛰어나서 동·식물의 사체, 배설물 등을 분해하여 분자 단위의 유기물 또는 무기물을 생산한다. 이러한 기법은 수질, 토양 및 오물 처리 등의 환경오염을 처리하는데 사용되고 있다.

미생물은 다양한 전문 분야로 나뉘어 복합적으로 연구되어야 한다. 인간을 위한 연구는 병원성 미생물과 면역학 등이고, 가축은 수의미생물학 그리고 농업은 식물

그림 1-1 미생물의 산업적 적용

병리 및 토양미생물을 대상으로 한다. 식품산업은 대규모의 산업적 공정에서 미생물의 응용을 연구하고, 식품생물공학은 식품의 발효, 부패, 제조, 저장 및 식중독에 끼치는 영향을 연구한다. 이들 전문연구 영역은 어떠한 것도 단독으로 수행될 수 없다. 최근 식품미생물학에서는 발효식품 제조 시 산업미생물학과 생물공학의 다각적인 시각이 필요하고, 식중독 연구 시 병원미생물학과 수의미생물학의 관점이 요구된다.

식품미생물학에서는 미생물의 구조, 미생물의 분류와 동정, 미생물의 성장, 성장에 영향을 주는 인자, 성장제어 방법, 사멸, 영양, 배양방법의 근본적인 원리를 이해하는 것이 반드시 필요하다. 멸균식품을 제외한 나머지 식품에는 하나 또는 그 이상의 미생물이 잠복되어 있다. 이러한 미생물 군집은 그 식품이 어떤 미생물들과 접촉되었는지 그리고 그 식품에서 어떻게 오랜 시간 성장하고 살아 남았으며, 어떻게 서로 작용했는지에 따라 다르게 나타난다. 식품에 현재 존재하고 있는 미생물들은 원료에서 자연발생적으로 유래했을 것이며, 또한 수확, 도살, 가공, 저장 및 유통과정에서 유입된 것들도 있다.

대부분의 경우, 이 미생물은 식별할 수 있는 지표를 갖고 있지 않으며 인간들은 식품을 아무 생각 없이 섭취한다. 그러나 미생물은 여러 방법 중 하나로 그들의 존재를 나타낸다. 즉 이들은 부패라는 해로운 방향으로 바뀌어 식중독을 일으키기도 하고 어떤 식품의 특성을 발효라는 유익한 방향으로 바꿀 수도 있다.

2 식품미생물학 발달의 역사

우리 조상들이 식품에서 비가시적 생명체(오늘날의 미생물로 지칭)의 중요성을 언제부터 인식하기 시작했는지는 정확히 알 수 없지만 적어도 B.C. 8000년 무렵 일 것으로 추정하고 있다. 그들은 짧은 생산기간 내에 소비할 수 있는 양보다 더 많은 양의 농산물, 즉 식품을 생산했다. 손실되는 식품의 저장기간을 늘리기 위해서 건조, 가열조리, 훈연, 염장, 저온, 굽기, 가스조절, 발효, 향신료 그리고 꿀 등을

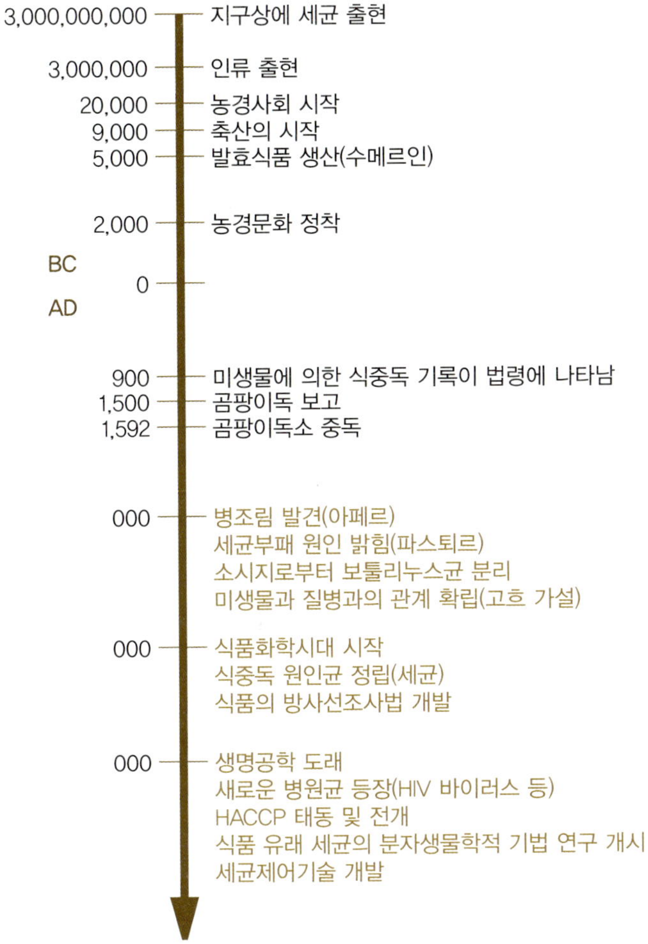

- Nicolas Appert(François, 1752~1841): 1795년 식품저장법 연구에 몰두. 병조림 개발 및 통조림 고안자
- Botulinum: 자연에 존재하는 천연 독소 중 가장 치사율이 높음. 독일의 의사인 케르너(Justinus Kerner, 1786~1862)는 이상한 식중독으로 200명의 사람이 죽는 것이 잘 보관되지 않은 썩은 통조림이나 소시지를 먹었다는 사실에 주목, 1844년 공기가 없는 환경을 좋아하는 클로스트리디움 보툴리늄(*Clostridium Botulinum*)이라는 박테리아가 배출하는 독소 때문이라는 사실을 알아냄
- 보툴리누스균 분리: 1895년 van Grmengem이 소시지에서 발견. 균종은 소시지를 뜻하는 라틴어인 botulus에서 유래함

그림 1-2 식품미생물 발달의 역사

이용했다. 그들이 식중독 질병의 원인에 대한 지각이 있었는지는 분명치 않으나 분명한 것은 식품에서 일어나는 부패를 어떤 보이지 않는 요인들과 연관시켰으며, 지속적인 연구가 성공적인 저장방법으로 발전시켰다.

1) 현미경과 미생물 발달의 역사

미생물microorganism은 희랍어로 '작다' microbes와 '생물' bios의 합성어이다. 이는 현미경으로 그 형태를 볼 수 있는 것을 말하며, 주로 단세포 혹은 균사로 이루어져 있다. 저배율 현미경은 1590년 독일의 Hans와 Zacharias Jansen에 의해 발명되었다. 1665년 영국인 Robert Hooke(1635~1703)는 2개의 렌즈를 사용한 현미경으로 코르크에서 세포벽을 발견하여 이를 생명체를 구성하는 가장 작은 단위인 세포cell라 하였다. 그러나 기록에서는 17세기 네덜란드의 Leeuwenhoek(Anthony van Leeuwenhoek, 1632~1723)를 최초의 미생물 관찰자로 기록하고 있다. Leeuwenhoek는 스스로 갈아 만든 270배의 짧은 볼록렌즈로 빗물, 맥류, 타액 중 작은 생물을 관찰하는데 성공하여, 이를 소동물animalcules이라고 명명하였다. 그는 렌즈를 만드는 연구와 그 렌즈를 사용하여 미세한 미생물에 대한 연구에 전념하였지만, 미생물의 본질이 무엇인가에 대해서는 생각하지 못하였고, 다만 미세한 미생물의 존재만을 확인하였을 뿐이다.

1676년 물속의 세균류를, 1680년 후추의 침출액 중 혐기성 세균과 맥주 효모를 발견하였는데, 이것이 맥주 중에서 어떻게 살아가며 어떤 작용을 하는지에 대해서는 밝혀내지 못했다. 1748년 Needhan(J. Needhan, 1713~1781)이 미생물은 자

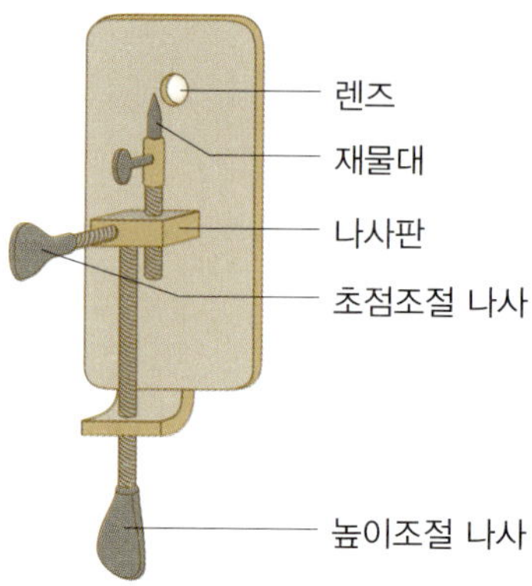

그림 1-3 Leeuwenhoek가 개발한 현미경

그림 1-4 Pasteur

그림 1-5 Koch

연적으로 발생한다는 자연발생설을 제창하였다. 그 후 1862년 Pasteur(L. Pasteur, 1822~1895)가 모든 미생물은 미생물로부터 생긴다는 사실을 실험적으로 증명하기까지 100년 동안이나 자연발생설에 대한 연구와 논쟁이 계속 되었다. 이처럼 오늘날 미생물이란 학문의 태동은 Leeuwenhoek의 업적으로 미생물이 없는 곳에서는 미생물이 생기지 않는다는 사실을 통조림에서 증명하였다. 19세기 중반 Pasteur가 세균 감염으로 생긴 질병인 콜레라와 탄저병을 발견하였고, 바이러스로 생기는 질병인 광견병을 발견하여 '미생물학의 아버지'로 불리고 있다. 독일의 Koch(Robert Koch, 1843~1910)는 결핵균을 발견하였고 '세균학의 아버지'로 불리며 근대 미생물학 발전의 기초를 확립되는 데 큰 공헌을 하였다.

2) 식품미생물학 발달의 역사

식품 섭취에 의해 야기되는 질병들은 이미 중세시대부터 인지되고 있었다. 12세기 유럽에서 일어난 맥각중독은 곰팡이가 핀 곡류 섭취와 관련있다고 생각했다. 1857년에는 장티푸스가 원유를 마셔서 일어난 것이 아닌가 생각했으며, Gaertner는 1888년에 고기로부터 *Salminella*균을 분리하였다. 1894년 Denys는 식중독이 *Staphylococcus aureus*와 관련되었음을 보고하였고, 1896년에 Ermengem은 식품으로부터 *Clostridium botulinum*을 분리했다. 1900년 이후, 식품유래의 질병이 병원균과 바이러스와 관련있다고 증명하였다.

1860년대에 Pasteur는 알코올 발효에서 효모의 역할을 증명하였고, 또 포도주의 초산생성균 때문에 산이 생성되어 포도주로부터 바람직하지 않은 박테리아를 선택적으로 제거하기 위한 저온살균 공정을 개발했다. John Lister는 1873년 우유에서 산을 생성하는 박테리아를 연속희석법으로 분리하였고, Cienkowski는 1878년 설탕에서 점질물 생성에 관련이 있는 박테리아를 분리했다. 1895년에 von Geuns는 우유의 미생물 균수측정법을 개발하였다. 1900년 이후에는 식품부패와 식품발효에 다른 미생물들이 관여한다는 사실을 밝혔다.

3 식품미생물학의 대상범위

모든 미생물은 동등하게 관심을 받았던 것은 아니다. 박테리아는 곰팡이 및 효모와 함께 매우 중요한 대상으로 주목을 받았지만 바이러스는 주목을 받지 못하다가 최근 식품위생이 강조되면서 더욱 더 부각되고 있다. 표 1-2는 식품분야에 영향을 끼치는 박테리아, 곰팡이, 효모 및 바이러스의 관련성을 표로 나타내었다.

표 1-2 식품에 미치는 미생물의 작용

미생물	작용
박테리아(bacteria)	식중독, 식품부패, 식품발효, 식품첨가물 및 효소의 생산
곰팡이(fungi)	식중독, 식품부패, 단세포단백질 생산, 식품발효, 효소의 생산
효모(yeast)	식품부패, 식품발효, 식품첨가물 및 효소의 생산
바이러스(virus)	식중독, 박테리아의 동정, 우유발효의 실패

4 식품미생물학의 이용

다양한 유제품과 치즈는 미생물의 활성을 이용하여 우유를 가공한 것이고, 된장, 간장 및 청국장 등은 미생물을 이용하여 콩을 발효시켜 제조한 것이다. 빵의 맛이나 질감도 모두 미생물에 의해 결정되고 대량생산된다. 전 세계적으로 발효 식품의 대표인 포도주와 맥주는 미생물 없이는 생산할 수 없다. 커피조차도 맛과 향을 위하여 미생물에 일부 의존하고, 녹차 및 홍차 제조 시에도 미생물에 의해 발효를 유도하여 맛과 질이 좋은 차를 생산하고 있다.

미생물과 식품을 공부하면서 반복되는 주제는 발효이다. 즉 발효는 알코올음료 생산공정뿐만 아니라 산소가 없을 때 진행되는 탄수화물의 부분적인 분해도 일으킨다. 미생물은 발효의 도구인데 화학반응에 필요한 효소들을 미생물이 생산하기 때문이다. 알코올, 산, 알데히드, 케톤과 같은 다양한 유기화합물도 발효의 산물이다. 이러한 발효산물들은 많은 식품에 독특한 향과 맛을 부여한다. 또한 최근에는 발효에 의해 기능성 물질을 생산하여 제품의 질을 높이기도 한다. 게다가 혹시 그 식품에 있을지도 모르는 위험한 미생물의 성장까지도 억제함으로써 먹기에 안전한 식품으로 만들어주는 보존료의 역할도 한다.

그림 1-6 미생물에 의해 생산되는 식품과 음료

1) 식품 중 미생물

식품은 많은 미생물이 혼재되어 있고, 그 유입경로는 토양, 공기, 물 및 동물의 배설물 등이다. 토양중 세균으로는 *Bacillus*, *Clostridium*, *Micrococcus* 속, 곰팡이로는 *Aspergillus*, *Penicillium*, *Rhizopus* 속, 방선균으로는 *Streptococcus* 속과 효모, 조류 및 원생동물 등 거의 모든 미생물이 존재한다. 공기 중에는 세균 *Micrococcus*, *Sarcina*, *Bacillus* 속, 곰팡이는 *Cladosporium*, *Alternaria*, *Penicillium* 속, 물속에는 세균 *Pseudomonas*, *Achromobacter*, *Vibrio* 속이 있고, 동물배설물 중 장내 세균류인 *Escherichia*, *Enterococcus*, *Proteus*, *Lactobacillus* 및 *Clostridium* 속이 있다.

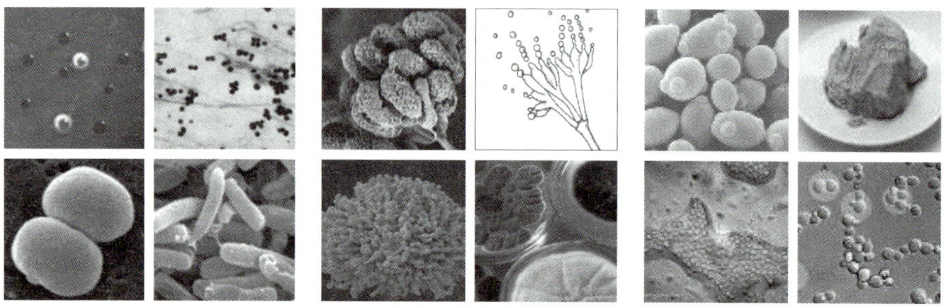

그림 1-7 미생물의 구조 및 형상

2) 미생물의 명명

미생물의 이름에는 속명common name과 세계 각국의 생물학 관련 학회의 합의에 의해서 결정된 명명규약에 따라 붙여진 세계 공통의 학명scientific name이 있다. 세균과 방선균은 국제세균명명규약에 따라, 곰팡이와 효모는 국제식물명명규약에 따라 명명한다. 명명은 연구자들이 새로 분리한 균주의 속이나 종을 밝혀 이름을 붙인 것이고 일반명은 실용적인 관점에서 붙여진 이름이다. 학명은 속명과 종명으로 된 이명법을 사용한다. 가장 높은 상위분류균 인 도메인하에서 문의 단계를 거쳐 목으로, 그 다음 과로 되고, 과는 여러 속으로 나뉜다. 속은 유사성에 의해 서로 구분할

표 1-3 미생물의 명명법

일반명	속명	종명
누룩곰팡이	*Aspergillus*	*oryzae*
푸른곰팡이	*Penicillium*	*chrysogenum*
거미줄곰팡이	*Rhizopus*	*nigicans*
빵(술)효모	*Saccharomyces*	*cerevisiae*
고초균	*Bacillus*	*subtilis*
젖산균	*Lactobacillus*	*plantarum*
초산균	*Acetobacter*	*aceti*

수 있는 종이나 서로 다른 종의 집합이며 여러 종으로 나뉜다. 속명은 유연관계가 있는 여러 생물에 사용하며, 종명은 속내의 각각 다른 생물에 사용한다.

각 분류군의 학명은 라틴어 또는 고유명사로 표기한다. 생산물의 형태적 특징, 생리적 특징, 분리원, 발견자, 발견장소 등에서 유래되는 이름을 붙이는 경우가 많고 라틴어나 이탤릭체로 표기한다. 예를 들어 ***Aspergillus***의 속명은 곰팡이의 분생자두의 형태가 세례할 때 사용되는 성수의 살수기와 닮아서 라틴어의 '세례를 한다는 뜻'의 aspergere로부터 유래되었다. 또한 oryzae는 쌀, niger는 검다, *Saccharomyces cerevisiae*의 속명은 설탕, cerevisiae는 맥주를 의미한다.

표 1-4 명명의 뜻

원리	이름	의미
이용되는 기질	*Saccharomyces cerevisiae*	sugar fungus
생산되는 기질	*Clostridium acetobutylicum* *Acetobacter aceti*	acetone과 butanol veniger
적정 생육온도	*Streptococcus thermophillus*	고온에서 생육
색깔	*Aspergillus niger*	검은색
크기	*Bacillus megaterium*	균이 큼
발견자	*Trichodima reesei*	Reese가 발견
발견장소	*Lactobacillus sanfrancisco*	Sanfrancisco에서 발견

3) 미생물 동정

동정은 미생물의 여러 가지 특징을 조사하고 분류하여 원전과 대조하여 서로 같고 다름을 밝혀 미생물 분류체계 중 어디에 속하는지를 결정하는 것이다.

4) 미생물 동정 시 주의사항

순수 배양되어야 할 것

불분명한 미생물을 분류하여 속과 종을 결정하는 데 균주는 순수해야 한다. 즉 균주는 언제 배양하여도 항상 원형과 같은 성질이고 같은 성질의 세포집단이어야 한다.

형태적 특성

미생물의 모양, 크기, 배열, 포자형성 유무, 모양, 그램 양성·음성 여부, 고체배지에서 집락의 모양 등 형태적 특성이 현미경 또는 육안으로 본 사진과 그림으로 그 실태를 기록한다.

생리적 연구

미생물의 생육에 필요한 영양물질의 특성, 인위적 배양방법 등을 밝혀낼 필요성이 있다.

판정

균의 특징을 연구한 후 속, 종을 분류하여 근거해 탐구 및 대조한다. 이때 분류한 서적에 따라 적당한 사안만 빼내어 속과 종을 결정해서는 안 된다. 학명의 속명(또는 이종명, 변종명)까지 판정하는 것이 바람직하지만 종까지 확인하지 못하고 속에서 끝나는 경우에는 속명 다음에 종명의 약어인 sp.(species)를 붙여 표기하기도 한다.

02

곰팡이

1. 곰팡이의 형태 | 2. 곰팡이의 번식법 | 3. 곰팡이의 분류

02 곰팡이

곰팡이는 형태에 의해 사상균(실 모양으로 생긴 균)이라고 하며, 세균이나 효모보다 수분이 적은 환경에서도 잘 번식하고, 대기 중에서는 주로 포자의 형태로 존재한다. 생육 적온은 25℃ 전후인 중온균이 많고, 생육 최적 pH는 4.5~5.5로 약산성이다. 균체의 색에 의해 황, 적, 청, 홍, 흑색을 나타낸다.

1 곰팡이의 형태

곰팡이의 균총은 포자를 형성하는 자실체와 균사로 이루어진 균사체로 구성된다.

2 곰팡이의 번식법

곰팡이의 번식은 무성생식에 의한 무성포자와 유성생식에 의한 유성포자로 이루어진다.

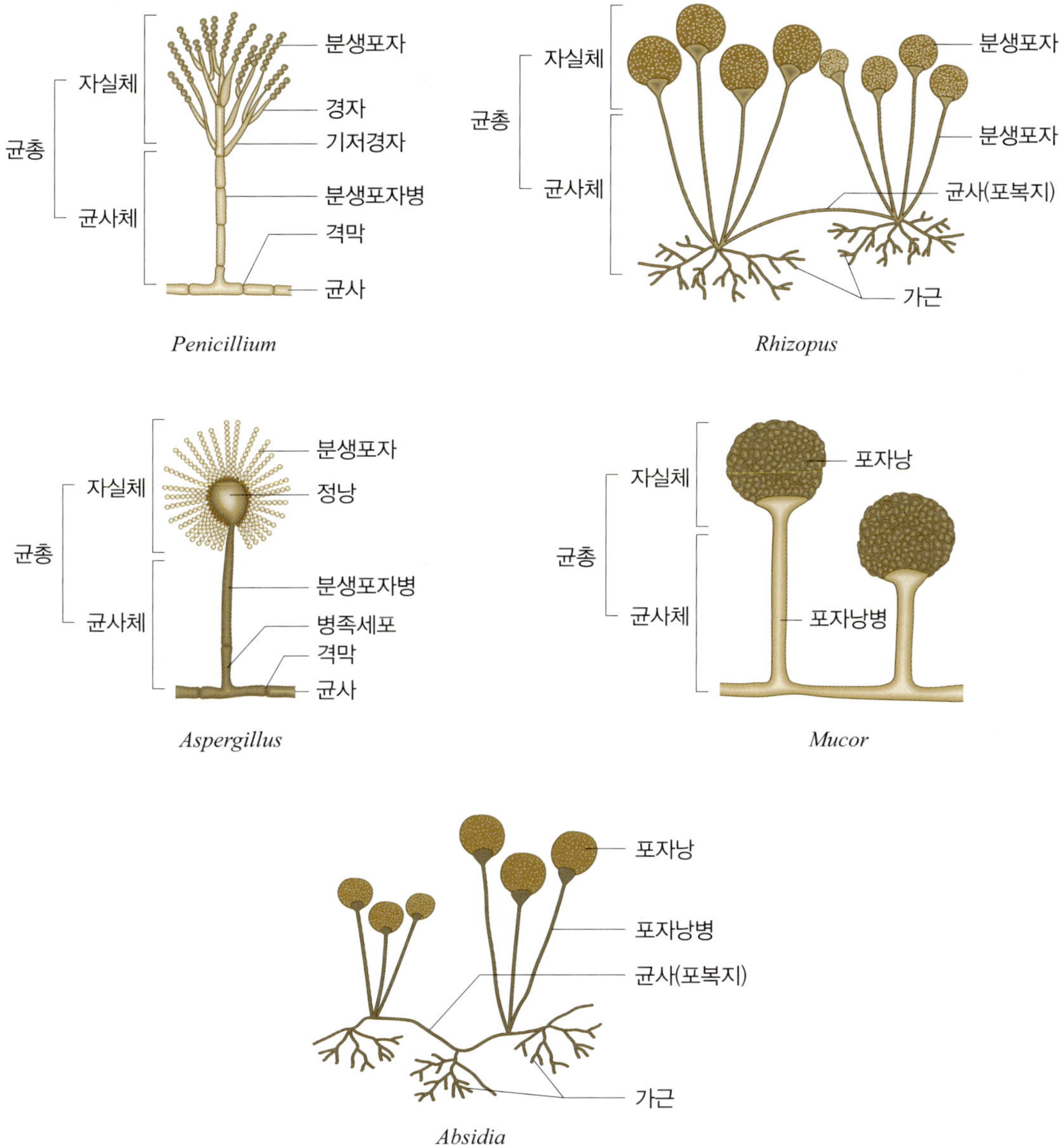

균총
자실체
균사체
분생포자
경자
기저경자
분생포자병
격막
균사
Penicillium
균총
자실체
균사체
분생포자
분생포자
균사(포복지)
가근
Rhizopus
균총
자실체
균사체
분생포자
정낭
분생포자병
병족세포
격막
균사
Aspergillus
균총
자실체
균사체
포자낭
포자낭병
Mucor
포자낭
포자낭병
균사(포복지)
가근
Absidia

그림 2-1 곰팡이의 형태

그림 2-2 곰팡이의 포자

1) 무성포자

대부분의 곰팡이에서 이루어지는 번식의 형태로 무성포자에는 포자가 외부 환경에 직접 노출되는 외생포자와 막에 둘러싸여 있는 내생포자로 나눌 수 있다.

(1) 외생포자

외생포자에는 분생포자, 출아포자, 분절포자, 후막포자가 있다.

(2) 내생포자

내생포자에는 포자가 포자낭에 들어 있는 포자낭포자와 편모를 가지고 있어 운동성이 있는 유주자가 있다.

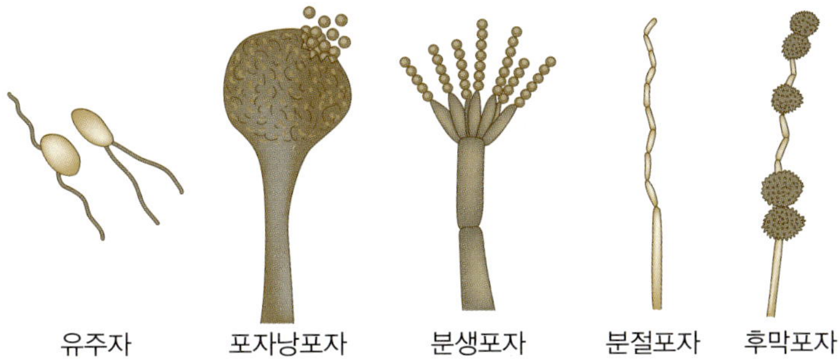

그림 2-3 곰팡이의 무성포자

2) 유성포자

자웅의 두 배우자가 원형질 융합과 핵분열에 의해 유성포자를 형성하는데 이것을 유성생식이라 한다. 유성포자에는 접합포자, 자낭포자, 난포자, 담자포자가 있다.

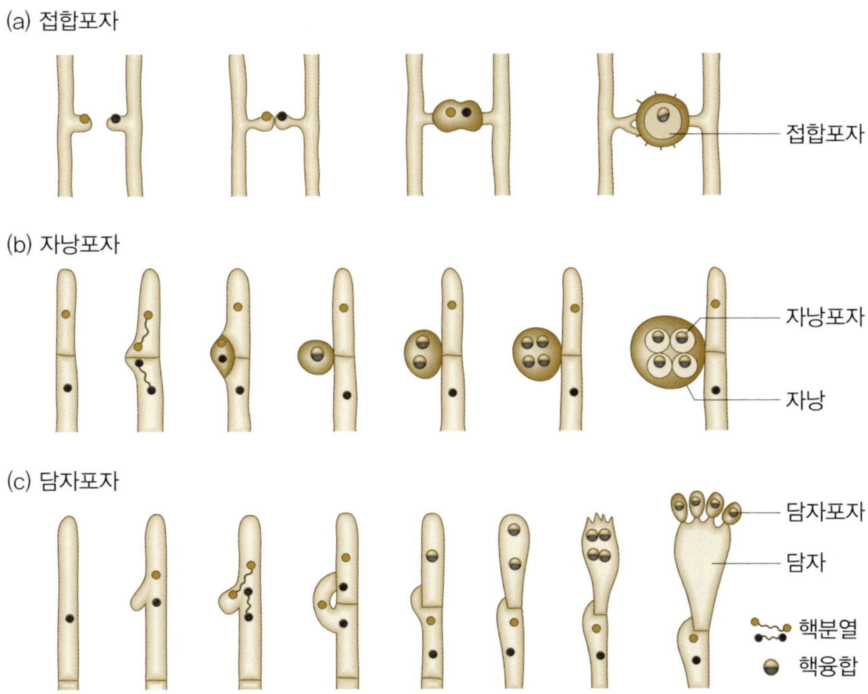

그림 2-4 유성포자의 형성과정

3 곰팡이의 분류

곰팡이는 분류학적으로는 진균류에 속하며 격막(격벽)의 유무에 따라 조상균류와 순정균류로 나뉜다.

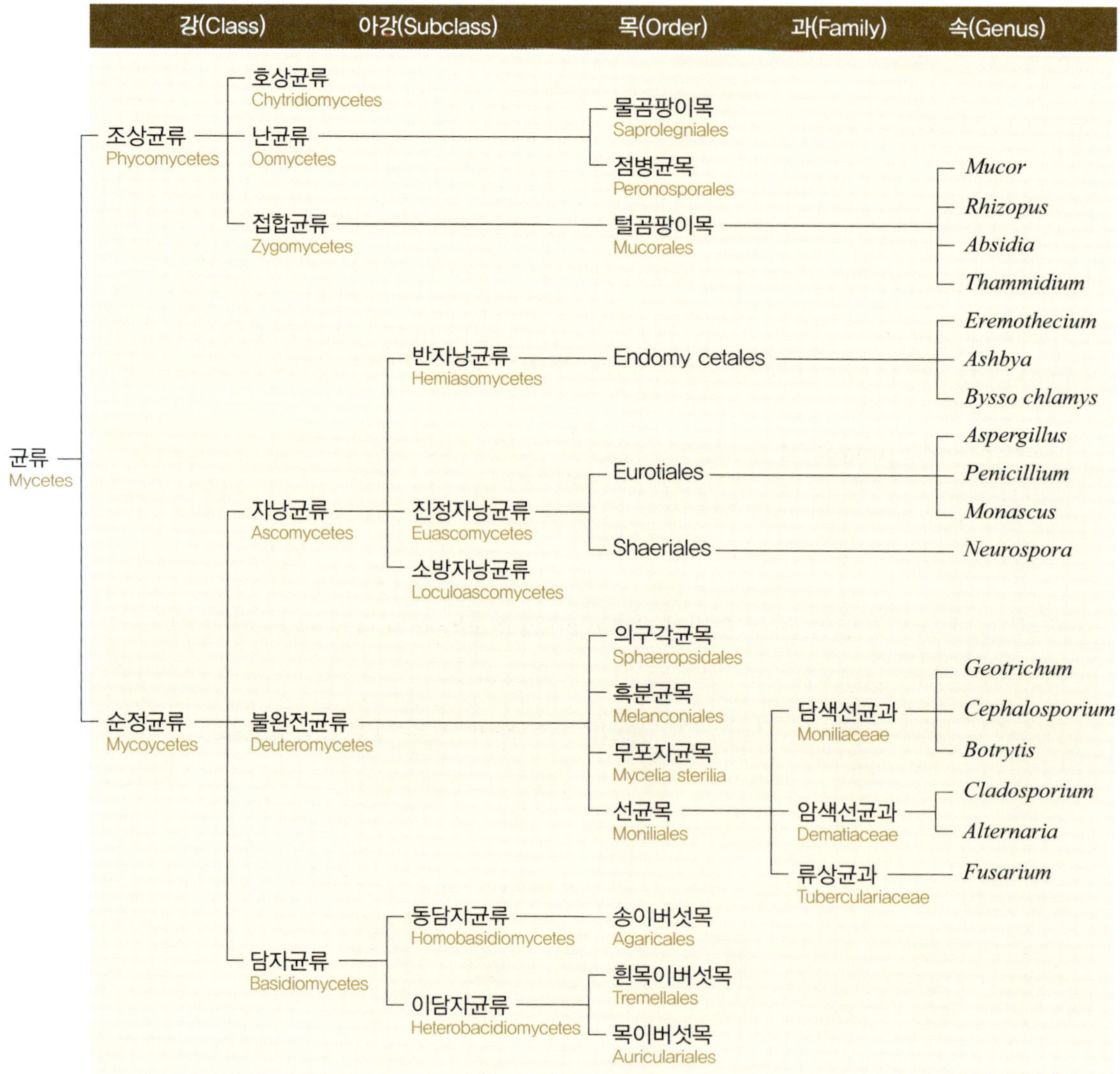

그림 2-5 곰팡이의 분류

1) 조상균류

(1) 특징

조상균류는 격막이 없고 무성생식에 의해 포자낭포자를 생성하고, 유성생식에 의해서는 난포자와 접합포자를 형성한다.

(2) 종류

① *Mucor*(털곰팡이) 속

균사가 자라 솜털과 같은 집락을 형성한다.

- *Mucor rouxii*: Amylo법에 의한 알코올 발효를 하며, 중국 누룩에서 분리하였다.
- *Mucor pusillus*: 응유효소를 생산하며, 생육 최적온도가 40℃이다.
- *Mucor racemosus*: 간장 Koji를 검게 변화시키고 불쾌한 냄새를 내는 유해균이다.

② *Rhizopus*(거미줄곰팡이) 속

포복지와 포복지 결착부(포자낭병 아래)에 가근을 형성하고, 거미줄과 같은 형태의 집락을 형성한다.

- *Rhi. nigricans*: 곰팡이 포자 중에서 *Rhi. nigricans* 포자가 대기 중에 가장 많다. 고구마연부병의 원인균이며, 마섬유 정련에 관여한다.
- *Rhi. javanicus*: Amylo법에 의한 알코올 발효를 하며, 전분 당화력이 강하다.
- *Rhi. delema*: Amylo법에 의한 알코올 발효를 하며, 중국의 소흥주와 고구마술 제조에 사용된다. Glucoamylase 생산에 이용된다.
- *Rhi. japonicus*: Amylo법에 의한 알코올발효를 하며 전분 당화력과 pectin 분해력이 강하다.
- *Rhi. oryzae*: 인도네시아 arrak주 생산에 이용되며 sucrose를 발효시켜 알코올, 푸말산과 젖산을 생성한다.

- *Rhi. tonkinensis*: Amylo법에 의한 알코올 발효를 하며, 푸말산과 젖산을 생성한다.

③ *Absidia*(활털곰팡이) 속

*Rhizopus*와 형태가 비슷하나 포자낭병이 가근과 가근 사이의 포복지 중간에 분기한다.

- *A. lichthemi*: 중국의 고량주와 소흥주 생산에 이용된다.
- *A. hyalospora*: 간장 Koji에서 분리한 균이다.

④ 기타

- *Thamnidium elegans*: 큰 포자낭과 작은 포자낭을 가지며, 냉온균으로 저온저장한 육류에서 번식하는 유해균이다.
- *Phycomyces nitens*: 향광성(向光性)으로 유지류(油脂類)에서 번식한다.

2) 자낭균류

(1) 특징

균사에 격막이 있으며, 무성생식은 분생포자를 형성하고, 유성생식은 자낭포자를 형성한다.

(2) 종류

① *Aspergillus*(누룩곰팡이) 속

전분 당화력과 단백질 분해력이 우수하며, 발효공업에 많이 사용된다. 균사의 일부가 팽창하여 병족세포를 형성하고 분생자병 끝에 정낭을 형성한다. 포자의 색깔에 따라 황·흑·백국균 등으로 구분된다.

- *Asp. oryzae*: 황국균으로 청주와 장류 제조에 이용된다. Amylase와 protease 등

의 효소 생산력이 우수하다.

- *Asp. sojae*: 황국균으로 간장 제조에 이용되며, 단백질 분해력이 강하다.
- *Asp. flavus*: 균총이 황록색 또는 황색이며, 땅콩 등의 곡류에서 간암을 일으키는 발암물질인 aflatoxin 독소를 생성한다. *Asp. oryzae*와 비슷하고 함께 자라므로 구분하기 어렵다.
- *Asp. tamarii*: 황국균으로 일본 tamari 간장 제조에 이용된다.
- *Asp. niger*: 흑국균으로 유기산(시트르산, 글루콘산) 발효공업에 이용되고 amylase, cellulase, pectinase 등의 효소를 생성하여 과즙청징에 이용된다.
- *Asp. glaucus*: 균총은 녹색~갈색으로 가츠오부시 제조에 이용된다.

② *Penicillium*(푸른곰팡이) 속

Aspergillus 속과 유사하나 병족세포와 정낭이 없다. *Penicillium* 속의 대표적인 특성은 penicillin 생산, 치즈 숙성, 황변미의 원인균, 과일부패의 원인균으로 나눌 수 있다.

- *Pen. notatum*: Fleming에 의해 최초로 penicillin을 생산한 균주이다.
- *Pen. chrysogenum*: 현재 penicillin의 생산에 많이 이용되는 균주이다.
- *Pen. carmemberti*: 프랑스 carmenbert 치즈 숙성에 관여하는 균주이다.
- *Pen. roqueforti*: 프랑스 roquefort 치즈 숙성에 관여하는 균주이다.
- *Pen. citrinum*: 황변미의 원인균으로 독소인 citrinin(신장독)을 생성한다.
- *Pen. islandium*: 황변미의 원인균으로 독소인 luteoskyrin(간장독)과 islanditoxin을 생성한다.
- *Pen. toxicarium*: 황변미의 원인균이고 citreoviridin(신경독)을 생성하여 전신마비를 유발한다.
- *Pen. expansum*, *Pen. digitatum*, *Pen. italicum*: 과일부패의 원인균주이다.

③ *Monascus*(홍국곰팡이) 속

진분홍의 monascorbine 색소를 생성한다.

- *Monascus purpureus*: 중국 홍주 제조에 이용된다.
- *Monascus anka*: 홍국, 홍유부 제조균으로, pectinase의 분비력이 강하여 과즙 청징에 이용된다.

④ 기타

- *Neurospora sitophila*: 인도네시아의 땅콩 발효식품인 온쫌 제조에 이용되고, 빨긴색의 분생포자를 형성한다.
- *Eremothecium ashbyii*: Riboflavin(비타민 B_2)의 공업적 생산에 이용된다.
- *Ashbya gossypii*: Riboflavin을 생산한다.
- *Byssochlamys fulva*: 과일통조림이나 병조림의 부패flat sour를 일으키는 내열성 포자를 만든다.
- *Claviceps purpurea*: 밀에서 검은색 균핵(맥각)을 만드는 맥각균이다.

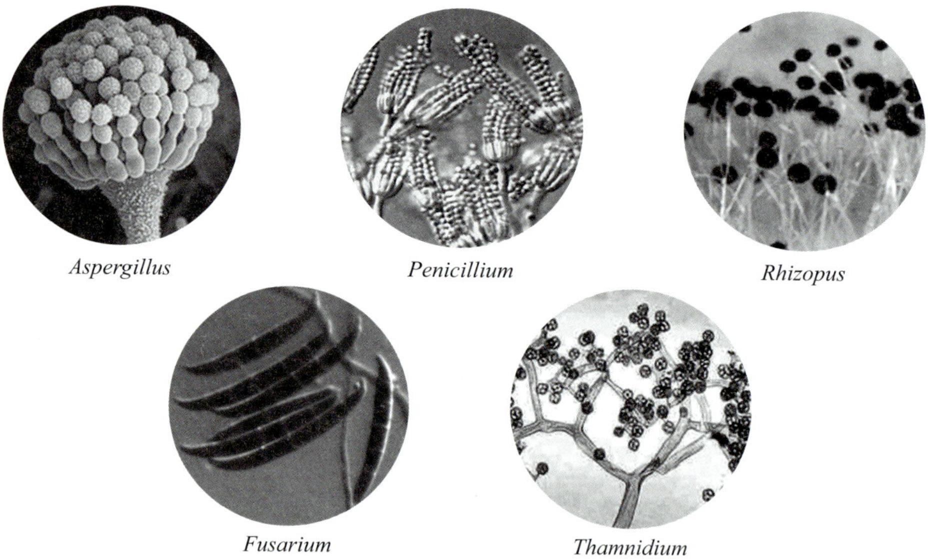

그림 2-6 곰팡이의 형태

3) 불완전균류

진균류 중에서 유성생식이 알려지지 않았거나 없는 균류를 불완전균류라고 한다.

- *Botrytis cinerea*: 당도가 높은 귀부포도주를 제조하는 데 사용되는 균주이다.
- *Cephalosporium acremonium*: Cephalosporin C(항생물질)를 생성하는 균주이다.
- *Fusarium moniliforme*(*Gibberella fujikuroi*): 벼의 키다리병을 일으킨다.

4) 담자균류

경자 끝에 4개의 담자포자가 외생하며, 버섯류가 여기에 속한다.

- 식용버섯: 송이버섯 표고버섯, 느타리버섯, 목이버섯, 싸리버섯 등이 있다.
- 독버섯: 땀버섯, 광대버섯 등이 있다.
- 버섯의 유독성분에는 muscarine, neurine, muscaridine, phaline, amanitatoxin, psilocybin 등이 있다.

03

효모

1. 효모의 형태 | 2. 효모의 번식법 | 3. 효모의 분류

03 효모

효모Yeast는 진균류의 한 종류이나 분류학적으로는 독립된 무리가 아니다. 효모는 일반적으로 포자가 아닌 영양세포가 단세포로 존재하는 시기가 있다는 것이 특징이다. 토양이나 대기 중에도 있으나 식물체에 다수가 서식하며, 특히 꿀샘, 수액, 과피 등에 널리 분포한다. 효모는 곰팡이보다 작은 세포이므로 대사활성이 높고 성장속도도 빠르다. 생육조건은 약산성, 중온균이며, A_w는 0.88의 환경에서 잘 자란다. 생리적인 특성은 곰팡이와 유사하나 혐기적인 조건에서도 성장하고 종류가 매우 많다는 점이 다르다. 그러므로 효모는 설탕이나 소금으로 가공하여도 발효가 되거나 부패가 된다.

1 효모의 형태

효모의 크기는 5~10 μm 정도이며, 형태는 구형round, 타원형ellipsoidal, 원통형cylindrical, 레몬형lemon shaped, 3각형triangular 등이 있다. 세포벽은 글루칸, 만난 같은 다당류가 주성분이고, 종류에 따라서는 곰팡이와 마찬가지로 키틴도 주성분이다.

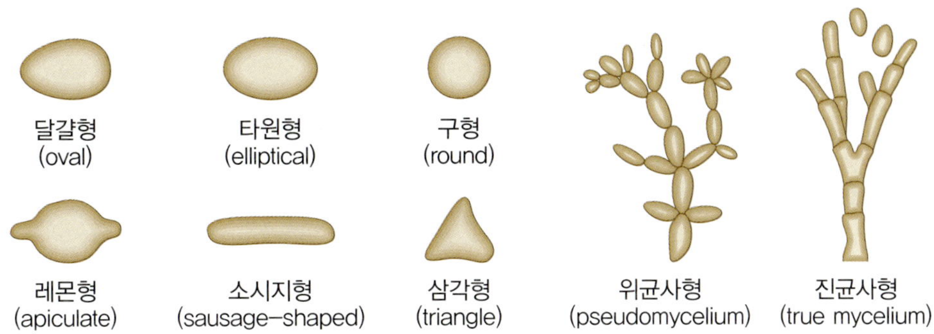

그림 3-1 효모의 형태

2 효모의 번식법

효모의 증식은 대부분 무성생식에 의한 출아법budding이다. 성숙한 세포의 표면에서 아세포bud cell가 생기고, 이것이 점차 커져 분열된 핵이 옮겨간 후 모세포mother cell에서 딸세포daughter cell가 떨어져 독립된 세포로 된다. 종류에 따라서 분열한 세포가 즉시 분리되지 않고 위균사pseudomycelium를 형성하기도 하며, 더 나아가서 균사true mycelium까지로도 발달하여 곰팡이와 같은 모습을 하는 종류도 있으며, 간혹 이분법fission으로 분열하는 종류도 있다. 위균사를 형성하는 종류는 흔히 위균사의 말단이나 연결 부위에 출아포자blastospore를 형성하기도 하며, 후막포자를 만들기도 한다. 어떤 종류는 영양세포에서 생긴 소병strigma 위에 낫형 또는 레몬형 등의 사출포자ballistospore를 형성하기도 한다.

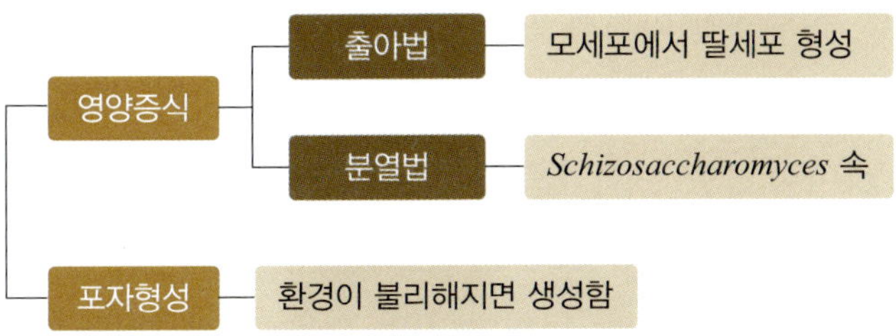

그림 3-3 효모의 증식법

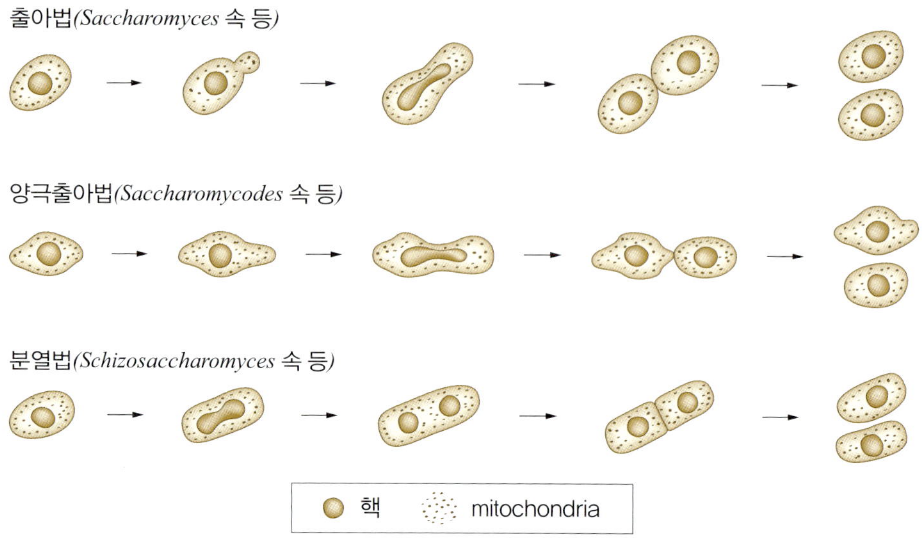

그림 3-2 효모의 번식법

유성생식은 곰팡이와 마찬가지로 자낭포자 또는 담자포자를 형성하며 유성생식을 하지 않는 종류도 있다. 따라서 효모는 곰팡이와 같이 자낭균류, 담자균류, 불완전균류로 분류하나 자낭균류와 불완전균류에 속하는 것이 많다.

3 효모의 분류

효모는 영양세포가 단세포인 것이 많으므로 그 형태만으로 분류하기에는 특징들이 충분하지 않다. 따라서 효모의 분류에는 체세포의 형태, 분열법, 포자의 형성 유무, 종류, 형태뿐만 아니라 탄소원 및 질소원의 이용성, 당류 발효능, 비타민 요구성, 항생물질에 대한 저항성 등 다양한 생리적 특성이 중요한 자료가 된다.

효모는 주로 출아법 또는 분열법으로 번식을 하지만 생육에 불리한 환경이 되거나 생활환경의 일부로 자낭포자를 형성하는 효모가 있고, 담자포자를 형성하는 효모가 있다. 이들에 대해서 자낭기나 담자기와 같은 완전세대를 볼 수 없는 효모를 불완전효모라고 한다.

표 3-1 효모의 분류

아강(Subdivision)	과(Family)	속(Genus)
자낭균류 Ascomycotina	Saccharomycetaceae	*Debaryomyces*, *Hansenula*, *Issatchenkia*, *Pichia*, *Saccharomyces*, *Torulaspora*, *Zygosaccharomyces*, *Schizosaccharomyces*, *Hanseniaspora*
담자균류 Basidiomycotina		*Rodosporidium*, *Sporidiobolus*, *Tremella*
불완전균류 Deuteromycotina	무포자효모 Cryptococcaceae	*Brettanomyces*, *Candida*, *Cryptococcus*, *Kloeckera*, *Rhodotorula*, *Trichosporon*
	사출포자효모 Sporobolomycetaceae	*Bullera*, *Sporobolomyces*

1) 자낭균류

식품산업에서 중요한 효모는 대부분 자낭균류에 속한다. 발효능이 강하여 식품의 발효와 부패에 관련되기 때문이다. 자낭포자 효모 중에는 영양증식 중 세포의 염색체가 반수체인 효모와 접합 후 핵융합이 지연되어 배수체로 지내는 효모가 있다. 배수체의 효모세포가 포자를 형성할 때는 보통 감수분열에 의하여 세포내 반수체의 포자가 생기고, 이후 *Saccharomyces* 속과 같이 포자 발아 후에 이들이 접합하여 배수체인 영양세포를 만들기도 하고, 다른 종류에서는 반수체의 포자가 발아하

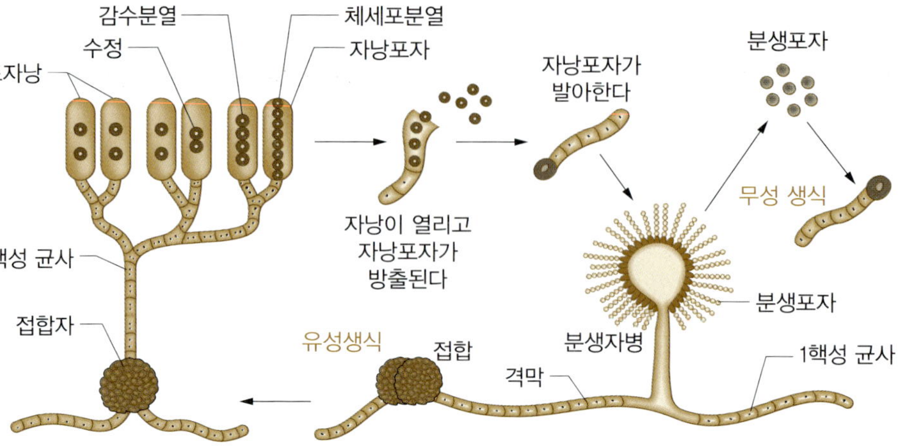

그림 3-3 유포자 효모의 증식방법

기 전에 자낭 내에서 접합하여 배수체로 되는 출아증식하는 방법도 있다. 한편, 영양세포가 반수체인 효모의 경우에는 *Zygosaccharomyces*나 *Schizosaccharomyces*와 같이 2개의 영양세포가 서로 접합해서 두 세포의 핵이 융합하고 감수분열에 의해 자낭포자를 만들기도 하고, 다른 종류에서는 *Debaryomyces*와 같이 출아할 때 분열한 두 핵이 융합하여 모세포 내에서 포자를 형성하기도 하는 등의 다양한 포자 형성법을 볼 수 있다. 자낭내의 포자는 보통 1~4개이며, 자낭포자의 형태는 구원, 타원형, 타원형 등이 있다.

(1) *Debaryomyces*

체세포는 구형이며 다극출아법으로 분열한다. 구형의 돌기가 있는 자낭포자를 형성하며, 위균사를 형성할 수 있다. 당 발효력은 약하거나 결여되어 있고 질산염을 이용하지 못한다. 내염성이 강한 산막효소로서 소금에 절인 채소류에서 흔히 분리된다.

- *D. hansenii*: 베이컨, 소시지 등의 육제품에서 점질물질을 생성하며 부패에 관여한다.

(2) *Hansenula*

체세포는 구형이며 다극출아법으로 성장한다. 반원형, 모자형, 토성형의 자낭포자를 형성하며, 위균사나 균사를 형성하는 종류도 있다. 당 발효력은 거의 약하거나 없으며, 질산염을 이용한다.

- *H. anomala*: 산막효소로서 오이지에서 분리되고, 양생효모을 이용한 술에서 흔히 발견된다, 보통 알코올을 소비하며, 그 결과로 ester를 생성한다.

(3) *Kluyveromyces*

체세포는 구형이거나 타원형 또는 원통형으로 다극출아법으로 성장한다. 초생달이나 강낭콩 모양의 자낭포자를 형성하며, 당 발효능이 강하다. 질산염을 이용하지 못하며 비타민을 요구한다. 과일, 곡류 등 다양한 식품에서 발견되며 젖당을 발효하는 종류는 낙농제품 부패의 원인이 되기도 한다.

(4) *Pichia*

양조과정에서 주름이 많은 피막을 형성하는 산막효모이며, 유해균으로 작용하는 경우가 많다. 체세포의 형태는 다양하고 다극출아법으로 분열하며, 다수가 위균사를 형성하나 진균사를 형성하는 종류도 있다. 원형, 모자형 및 토성형의 자낭포자를 형성한다. 당 발효력은 없거나 약하며, 질산염을 이용하지 못한다. 식품의 발효와 부패에 관여하며 곡류, 과일, 낙농제품, 포도주 등에서 분리된다.

- *P. membranaefaciens*: 김치, 간장이나 맥주의 표면에 막을 형성하는 유해한 산막효모의 하나이다.

(5) *Issatchenkia*

위균사를 형성하며, 다극출아법으로 성장한다. *Pichia*에 속했던 몇 종류가 새로이 이 속으로 분류되었다. 각종 식품에서 발견되며, 액체배지에서 피막을 형성한다. Coenzyme Q-7을 가지고 있다.

(6) *Saccharomyces*

체세포는 구형, 타원형, 원통형 등이며, 다극출아법으로 분열한다. 자낭세포는 원형이며 위균사를 형성하기도 하나 균사는 만들지 않는다. 모든 종류가 당 발효능이 강하다. 특히 당으로부터 알코올 발효력이 강한 것이 많아서, 옛날부터 각종 주정 발효에 사용되었다.

- *Sacch. cerevisiae*: 맥주 상면발효 효모 또는 빵 효모이다.
- *Sacch. ellipsoideus*: *Sacch. cerevisiae*의 일종으로 포도주 발효에 관여한다.
- *Sacch. carlsbergensis*: 맥주 하면발효 효모이다.
- *Sacch. rouxii*: 18% 이상의 염에서 견디는 내삼투압성 효모로 간장, 된장 발효에 관여한다.
- *Sacch. coreanus*: 한국 누룩과 탁주에서 분리한 cream색 효모로 *Sacch. cerevisiae*의 일종이다.

(7) *Torulaspora*

세포는 구형 또는 타원형으로 다극출아를 하며, 위균사를 형성하기도 한다. 영양세포는 주로 반수체이며, 구형 또는 타원형의 자낭포자를 1~4개 형성한다.

(8) *Zygosaccharomyces*

Saccharomyces 속과 같이 체세포는 구형이나 타원형 및 원통형이다. 구형이나 타원형의 자낭포자를 형성하며, 역시 다극출아법으로 분열한다. 위균사를 형성하기도 하나 균사는 형성하지 않는다. 발효력이 강하며 질산염은 이용하지 못한다. *Saccharomyces* 속과는 달리 체세포수가 배수체가 아닌 반수체이며, 두 영양세포의 접합 후에 자낭이 형성된다. 효모 중에서 가장 내삼투압성이 높은 종류로 알려져 있으며, 수분활성도가 높은 곳에도 잘 자라는 종도 있다.

- *Zygosaccharomyces sojae*: 간장 표면에 회백색 가루 모양의 피막을 형성한다.

- *Zygosaccharomyces mellis*: 잼이나 벌꿀에서 번식하는 유해균이다.

(9) *Schizosaccharomyces*

체세포는 구형이나 원통형이며, 세균과 같이 이분법으로 분열한다. 체세포가 배수체가 아닌 반수체이며, 두 영양세포의 접합 후에 자낭이 형성된다. 자낭포자는 구형이며 보통 4개가 하나의 자낭에 형성된다. 균사를 형성하는 종류가 많고, 균사가 부스러져 분절포자도 형성한다. 당 발효능이 있고 질산염은 이용하지 못한다. 말린 과일이나 당밀에서 분리하기도 한다.

- *S. pombe*: pombe라는 옥수수술에서 분리했다.
- *S. mallacei*: 럼주 양조용 상면효모이다.

(10) *Hanseniaspora*

세포는 레몬형이고 양극으로 출아한다. 자낭포자는 모자형 또는 구형이다. 토마토, 딸기, 감귤류 등의 과일에서 분리되는 야생효모이다.

2) 담자균류

형태적 특성으로 clamp connection이 있는 균사를 만들고 여기에서 담자기와 담자포자를 형성하는 종류, 동포자teliospore를 형성하는 종류 등이 있으나 식품과의 관련에 대하여 알려진 바는 드물다.

(1) *Rhodosporidium*

Carotenoid 색소를 생성한다.

3) 불완전균류(무포자 효모와 사출포자 효모)

자낭포자나 담자포자를 형성하지 않는 효모로서 무성생식의 형태는 출아법이 주가 되며 기타의 무성포자의 형성도 관찰된다. 위균사와 균사를 형성하는 종류가 많다.

(1) *Brettanomyces*

체세포는 양끝이 뾰족한 디원형이 많다. 양극출아를 하며 위균사를 형성한다. 당을 호기적인 조건에서 발효하여 다량의 아세트산을 형성한다. 맥주, 포도주, 청량음료, 피클 등의 유해균이다.

(2) *Candida*

많은 다양한 종이 포함되어 있어 세포의 모양도 종류에 따라 구형, 타원형, 원통형 등 다양하다. 위균사나 진균사 및 후막포자를 형성하기도 한다. 육류나 홍삼 농축액 등의 부패에 관여하며, 마가린의 산패도 일으킨다.

- *C. albicans*: 사람의 피부, 점막 등에 칸디다증을 일으키는 병원균이며, 각종 동물에도 기생한다.
- *C. utilis*: 아황산펄프폐액에서 배양하여 사료효모나 inocinic acid 제조원으로 이용된다.

(3) *Cryptococcus*

체세포의 형태는 다양하며 대다수가 점질물질을 생성하고 산성상태에서 세포내에 전분 유사물질을 축적하여 세포외로 방출하는 것이 특징이다. 색소를 형성하는 종류는 있으나 당 발효능은 없다. 대기 중에 존재하며 딸기에서 흔히 분리된다.

(4) *Kloeckera*

체세포가 레몬형이거나 타원형이며 양극출아법으로 분열한다. 위균사를 형성할 수 있으며 당 발효능이 있다. 거의 모든 종이 생육에 비타민을 요구한다. 꽃과 포도 등의 과일에 널리 분포되어 있다.

- *K. apiculata*: 포도주의 향에 나쁜 영향을 주기도 한다.

(5) *Rhodotorula*

체세포의 형태는 구형이나 타원형이며 다극출아법으로 분열하고 위균사를 형성하기도 한다. 발효능은 없으며, 적색, 적황색의 카로티노이드 계통의 색소를 형성하며 적색효모로 불린다. 자연계에 널리 분포하며 대기 중에도 발견된다. 다양한 종류의 식품에서 발견되며, 육류나 침채류에 적색 반점을 형성하여 착색의 원인이 되는 오염균이다. 저온에서 성장하는 균주도 있어 냉장식품에서 분리된다.

(6) *Trichosporon*

다극출아를 하고 분절포자를 만들며, 위균사나 진균사가 항상 형성된다. 당 발효능은 없거나 약하여 호기적으로 생육하고, 액체배지에서는 두꺼운 막을 형성하는 산막효모이다. 저온에서도 잘 자라고 양조식품이나 생새우, 간고기 등의 냉장육류, 냉동육 등에서 분리된다.

(7) *Sporobolomyces*

Carotenoid 계통의 색소를 만들므로 옅은 홍색이나 황색의 콜로니를 형성한다. 특히 사출포자를 형성하는 것이 특징이며, 형태는 낫모양 또는 신장형이다. 당 발효능은 없다. 식물의 부패에 관여하고 일부 균주는 식품에서도 분리된다.

04

세균

1. 세균의 형태 | 2. 세균의 번식법 | 3. 세균의 분류

04 세균

1 세균의 형태

세균의 모양은 고정된 것이 아니며 배양균의 나이, 기타 배양조건에 따라 아주 달라진다. 그러나 외부 형태에 따라 구분하는 기본형으로는 구상인 구균coccus, spherical-shaped bacteria, 간상인 간균bacillus, rod-shape bacteria, 나선상인 나선균spirillum 등이 있다.

구균은 모양이 둥그스름하거나 구형, 타원형, 잠두콩 같은 모양을 하고 있다. 구균의 종류로는 분열 후 곧 흩어지는 균인 단구균monococcus, 세포가 언제나 둘씩 연결되는 쌍구균diplococcus, 한 방향으로 길게 연결되어 있는 연쇄구균streptococcus, 두

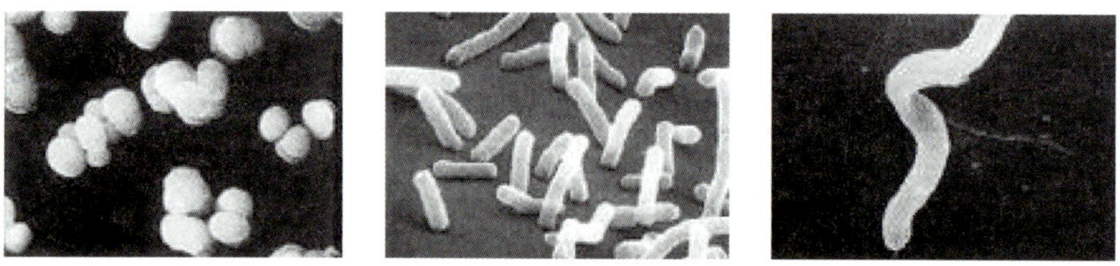

구균(coccus) 간균(bacillus) 나선균(spirillum)

그림 4-1 세균의 형태

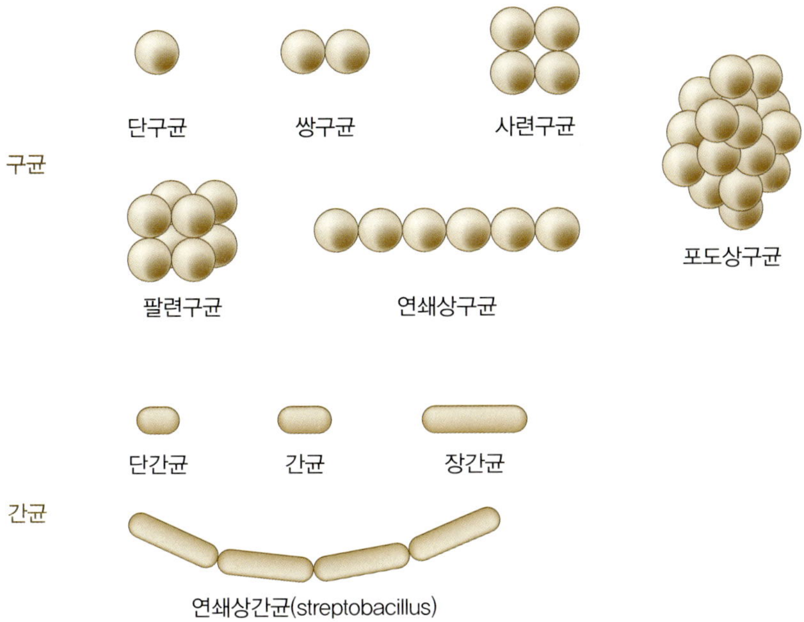

그림 4-2 구균과 간균의 종류

방향으로 분열하는 사련구균pediococcus 분열하는 팔련구균sarcina, 분열방향이 불규칙하여 분열 후 포도송이같이 되는 포도상구균staphylococcus 등이 있다. 쌍구균의 대표적인 균은 폐렴균이고, 포도상구균의 경우 식중독균으로 널리 알려져 있다. 간균은 막대기모양을 하는데, 막대 길이가 길고 짧음에 따라 단간균과 장간균으로 나누기도 한다. 나선균은 콤마모양의 균으로 식중독 원인균인 *Vibrio*, *Spirillum* 등을 예로 들 수 있다. 간상세균은 짧고 원통형이며 그 길이가 0.6~4.0 μm이고 직경은 0.2~1.0 μm 범위 내에 있다. 그러나 종에 따라서 곤봉형, 분지형 등의 변형을 형성하기도 하며, 때로는 쌍으로 나타나기도 하고 짧은 연쇄상일 때도 있다. *Streptomyces* 속은 균사체 모양을 하여 곰팡이와 유사하나 균사 직경이 곰팡이보다 훨씬 작다.

1) 세균의 세포벽

세균의 세포막은 매우 얇고 신축성 있는 층으로 구조적으로 약하다. 세포막만으로는 세포를 지탱할 수 없으므로 대부분 단단한 세포벽cell wall으로 싸여 있다. 세포벽은 세포를 보호하고 튼튼하게 하는 층으로 세균 세포벽의 주성분은 진핵생물eukaryote이 지니고 있지 않은 peptidoglycan으로 되어 있다. 이들 세포벽의 골격 구성 및 부수적 물질의 차이에 따라 그람염색gram staining이 결정되므로 세균의 분류에 중요한 의의를 갖는다. 세균은 gram염색성의 차이에 따라 gram음성균과 gram양성균으로 나뉜다.

Gram음성균의 세포벽은 약 10% 정도에 해당하는 얇은 peptidoglycan(PG) 층과 lipopolysaccharide, lipopolyprotein, phospholipid 등의 지방성분을 포함한 다층구조로 되어 있다.

Gram양성균의 세포벽에는 90%를 차지하는 두꺼운 peptidoglycan 층 이외에 teichoic acid(ribitol phosphate 또는 glycerol phosphate의 복합체)를 갖고 있다. Lysozyme은 PG의 glycan 사슬을 끊어서 세균을 사멸시키는 효소이며 gram음성균보다 gram양성균에 대하여 살균 효과가 크다(그림 4-4). Penicillin은 세포벽의 성장

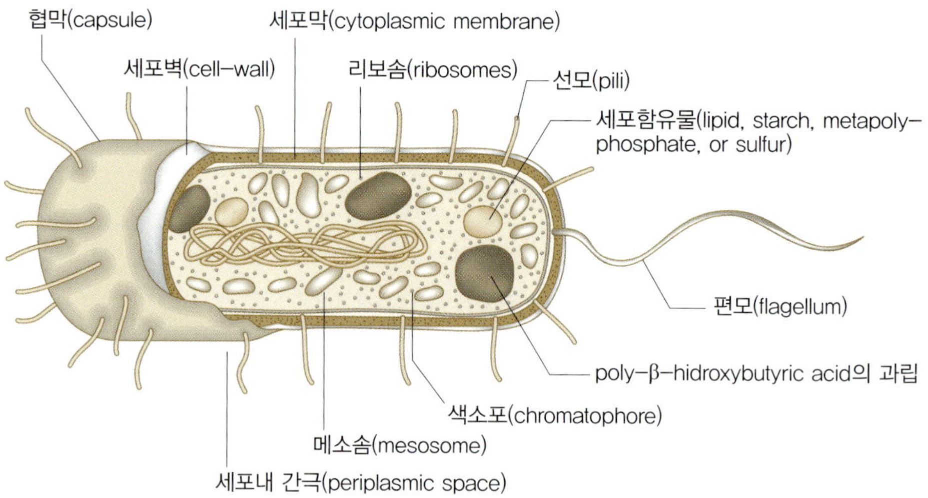

그림 4-3 세균의 구조

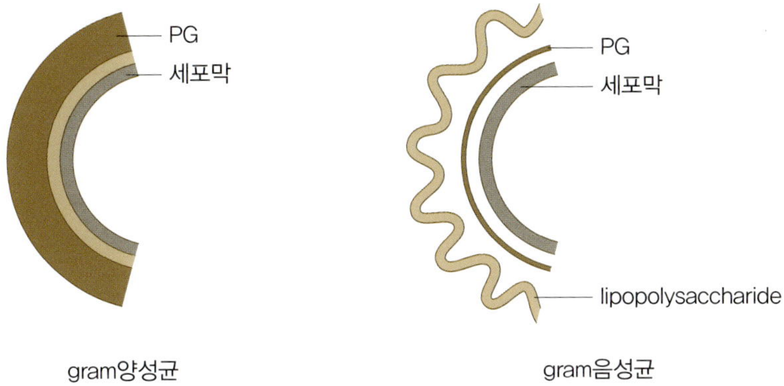

그림 4-4 gram양성균과 gram음성균의 세포벽

중에 peptide 가교interbridge 형성을 차단하여 살균시키는 항생물질이다.

어느 세균의 세포벽은 수분함량이 많은 물질로 두껍게 싸여 있다. 이러한 물질은 단백질과 다당류extracellular polysaccharide로 되어 있고, 이 다당류가 세균의 세포벽에 비교적 굳게 결합되어 있을 경우에 협막capsule이라 부르고, 다당류가 세포벽에 느슨하게 결합되어 있거나 결합되어 있지 않을 경우에 점액층slime layer이라 한다.

2) 세균의 운동성

어떤 세균세포는 활주운동gliding에 의해 단단한 표면을 따라 움직일 수 있으며, 어떤 수생미생물은 가스 소포에 의해 물속에서 이동할 수 있다. 그러나 운동성 원핵생물의 대부분은 편모에 의해 움직인다. 많은 세균은 가느다란 실모양의 편모flagella라고 하는 특수한 구조를 가지고 있어 운동성motility이 있지만, 구균은 편모가 거의 없어 스스로 움직이지 못하며, 간균은 편모가 있는 것과 없는 것이 공존한다. 대부분의 나선균은 편모가 있어 이동이 가능하다.

세균에서 편모의 배치는 세균의 종에 따라 특이성이 있어 분류학적 가치가 있다. 극모polar flagella의 경우, 편모는 세포의 한쪽 또는 양쪽 끝에 부착되어 있다. 한쪽 극에 한 개의 편모를 갖는 것을 단극모monopolar monotrichous flagellum라 하고, 양쪽

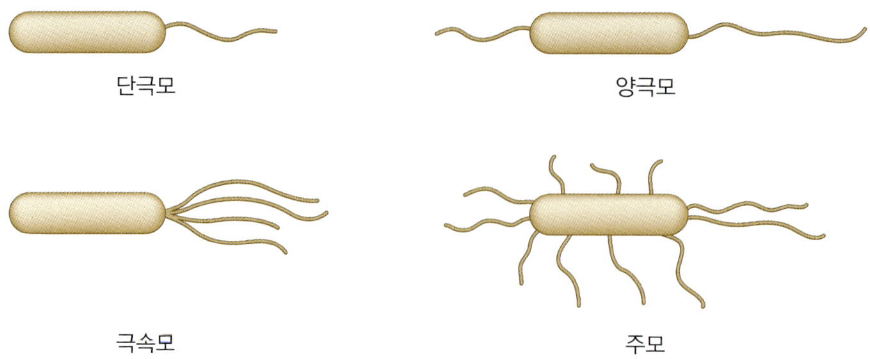

그림 4-5 세균의 편모

극에서 각각 여러 개가 생겨나는 경우 양극모amphitrichous flagella라 한다. 때때로 편모다발(속)이 세포의 한쪽 끝에 나 있는데, 이것을 속모lophotrichous flagella라고 한다.

여러 개의 편모가 세균세포의 표면을 따라 많은 곳에 부착되어 있는 경우 주모peritrichousflagella라고 한다.

3) 세균의 균총

대다수의 세균은 적당한 고체배지 위에서 증식하게 되면 세균집단이 형성되어 쉽게 육안으로 관찰할 수 있는 크기의 균총colony이 세균의 종류에 따라 여러 모양, 크기, 색깔로 나타난다.

균총의 모양은 원형, 타원형 또는 부정형을 이루며 같은 모양이라 하더라도 미끈한 것smooth, 각을 형성하는 것angular, 납작한 것, 부풀어오른 것 또는 주름이 잡힌 것 등 다양하다. 또한 균총은 색소를 분비하거나 세균의 세포가 착색되어 색깔을 나타내므로 가시광선 및 자외선에 대하여 보호되며, 이 색소 자체가 항생물질의 성질을 나타내어 다른 미생물의 공격에 대하여 세균 자신을 방어하는 효과를 보인다. *Salmonella*균의 경우 원래의 균총은 미끈하나(S-형) 변이가 일어난 경우 균총의 모양은 거친 형태(R-형)로 바뀌게 된다.

2 세균의 번식법

세균은 세포의 일부가 모체세포와 같은 새로운 개체로 증식되는 무성생식을 하여 진정한 유성생식은 없는 듯하나 *Chromatium* 속, *Azotobacter* 속, *Sprillum* 속 등에서는 두 개의 세포가 서로 접합, 돌기를 내어 연결되는 것을 관찰할 수 있다. 세균은 대부분 외적 조건이 적당하면 끊임없이 이분법binary fission으로 증식하며 분열을 계속하고 내생포자를 형성하는 것도 있다. 새로운 세포가 커서 다시 분열할 때까지의 시간을 한 세대generation라 하며 번식속도를 나타내는 척도가 된다.

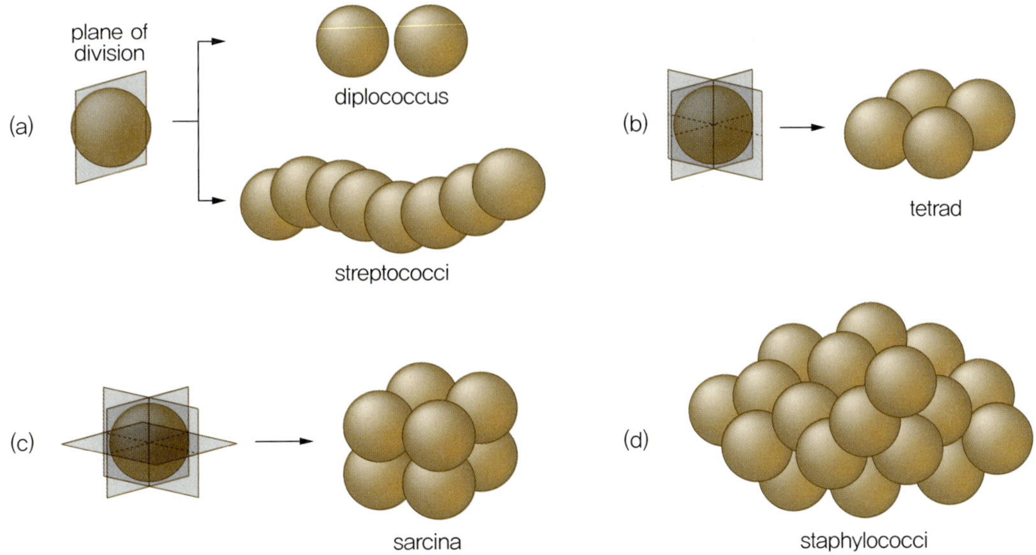

그림 4-5 구균의 분열형태

3 세균의 분류

세균은 gram염색성, 균의 형태, 산소 요구성, catalase 활성, 당 발효능력, 색소의 생성, 편모의 형성, 편모의 형태, 호염성, 협막의 형성, 탄소원 자화성, 질소원 자화성 등을 고려하여 분류한다.

1) Gram양성 구균

(1) *Micrococcus* 속

대표적인 식품 부패세균의 하나로 catalase 양성이며 최적온도는 25~30℃이다. 보통배지에서 잘 생육하며 생선 및 가공식품 등에서 많이 검출된다. Gram양성인 무포자 구균으로 호기성 및 통성혐기성이다. 대부분이 황색, 등색, 홍색, 적색 등의 비수용성 색소를 생산하나 백색의 것도 있다. 부패활성은 대체로 강하지 못하나 균종에 따라 차이가 있어 *Pseudomonas*나 *Bacillus*와 비슷한 활성을 가지는 것도 있다. 포도당의 발효능이 없고 산화적으로 분해한다.

식품에서 *Micrococcus*의 중요성은 다음과 같다.

- *Mc. morrhuae*와 *Mc. halodenitrificans*: 절인 육류나 염장생선 등 고농도 식염하에 생육하는 호염성의 균이다.
- *Mc. varians*: 내열성thermoduric으로 우유의 저온살균에서도 생존한다.
- *Mc. halodenitrificans*: 질산염을 아질산염으로 환원시켜 육류를 발색시킨다.

(2) *Staphylococcus* 속

Gram양성인 무포자의 구균으로 호기성 및 통성혐기성이며 운동성이 있는 것도 있다. 이 속의 균은 보통 생육에 몇 가지 아미노산, thiamine, nicotinic acid, pantothenic acid, biotin 등을 요구한다. 포도상구균속이라 하고, 우유 식중독의 원인균이 되며, 포도당을 혐기적으로 분해하는 발효능력이 있다. 발효할 수 있는 탄수화물이 있으면 산소의 존재 유무에 관계없이 잘 생육한다. 등황색 색소를 생성하는 것이 많으나 색소 생산성 균주에서 백색주로 변이되는 것도 볼 수 있다.

- *Stap. aureus*: 황색포도상구균으로 화농성 질환의 병원균이고 β-용혈성 및 coagulase 양성으로 김밥, 빵, 도시락, 떡 등의 식중독 원인균으로 catalase와 장독소인 enterotoxin을 생성한다.
- *Stap. epidermis*: coagulase 음성으로 병원성은 없으나 포유동물의 피부, 점막, 유방 등을 비롯하여 우유, 치즈 또는 양조주 및 된장, 간장 등의 국이나 담금 초기에 잘 분리된다.

(3) *Streptococcus* 속

연쇄상구균으로 통성혐기성이며 요구르트나 치즈를 발효시키는 균이 많다.

- *Sc. thermophilus*: 내열성으로 생육 적온은 40~45℃이고 치즈 제조에 관여한다.
- *Sc. lactis*: 치즈, 요구르트 제조 시 starter로 사용된다.
- *Sc. faecalis*: 젖산균 제재나 미생물 정량에 관여하며 배설물에 의한 식품오염의 위생상태 지표균이다.

(4) *Pediococcus* 속

구균으로 미호기성, catalase 음성이며 소금에 절인 채소발효식품에 중요한 균이다.

- *Ped. damnosus*: 맥주에 diacetyl을 생성하는 유해균이다.
- *Ped. halophilus*: 호염성 젖산균(homo형)으로 간장, 된장 등의 숙성에 관여한다.

(5) *Leuconostoc* 속

Gram양성 구균으로 hetero형 젖산균이다.

- *Leu. mesenteroides*: 김치 발효 초기에 젖산을 형성하며, 치즈 발효에서 CO_2를 형성하여 gas 구멍을 만들기도 하고 dextran(점질물)을 생성한다.

- *Leu. dextranicum*, *Leu. cremoris*: *Leu. mesenteroides*의 변종으로 버터나 치즈 제조 시 starter로 작용한다.

2) Gram양성 내생포자 형성균

(1) *Bacillus* 속

내생포자를 형성하는 중온 혹은 고온성 유포자 간균이며 호기성 또는 통성혐기성이고 catalase 양성이다. 단백질과 전분 분해력이 강한 균주가 있어 단백질과 전분질식품을 변패시키거나 산과 가스를 생성하여 특이한 냄새를 발생시킨다. 식염 내성은 비교적 강하여 10%의 농도에서도 발육한다.

- *B. subtilis*: 고초균으로 된장, 청국장, 간장 등의 발효에 관여하며 subtilin이라는 항생물질을 생성하고, biotin을 생육인자로 요구하지 않는다.
- *B. natto*: *B. subtilis*의 변종인 고초균으로 일본 청국장발효균으로 점질물을 생성하고 biotin을 생육인자로 요구한다.
- *B. cereus*: 주모성이며 타원형 포자를 형성하고 밥과 같은 식품에서 식중독을 일으키는 균이다.
- *B. coagulans*, *B. stearothermophilus*: 내열성 포자를 형성하므로 가열처리가 완벽하지 못한 통조림의 falt sour 원인균으로 부패균이다.
- *B. anthracis*: 인축공통 감염병인 탄저병의 원인균이다.

(2) *Clostridium* 속

Gram양성 간균으로 편성혐기성균이고 catalase 음성이다.

- *Cl. acetobutylicum*: 전분질 원료를 발효하여 acetone과 butanol 등을 공업적으로 생산한다.
- *Cl. botulinum*: 보튤리즘균으로 botulinin(neurotoxin)이라는 마비성 신경독을 생성하며 통조림의 살균 대상인 식중독 원인균이다.

- *Cl. sporogenes*: 통조림의 팽창과 부패의 원인균으로 통조림 살균 실험의 대상균이다.
- *Cl. perfringens*: welchii형 식중독균으로 가스괴저를 일으킨다.
- *Cl. tetani*: 파상풍의 원인균이다.

3) Gram양성 무포자 간균

젖산균의 일종으로 포자는 없고 비운동성, 통성혐기성균이다. 젖산균lactic acid bacteria은 에너지원을 당에 의존하고 당을 발효하여 50% 이상의 젖산을 생성하는 세균을 총칭한다. 젖산균은 당으로부터 젖산만을 생성하는 정상발효젖산균(homo형)과 당으로부터 젖산 이외에 초산, 에탄올, 등을 등을 생산하는 이상발효젖산균(hetero형)이 있다.

표 4-1 정상발효젖산균과 이상발효젖산균

정상발효젖산균 (homo형)	• 당으로부터 젖산만을 생성 • *Streptococcus, Pediococcus, Sporolactobacillus, Lactobacillus acidophilus, Lactobacillus delbrueckii, Lactobacillus casei, Lactobacillus plantarum* $\underset{\text{포도당}}{C_6H_{12}O_6} \longrightarrow \underset{\text{유산}}{2CH_3 \cdot CHOO \cdot COOH}$
이상발효젖산균 (hetero형)	• 당으로부터 젖산이외에 ethanol, 초산, CO_2 등의 부산물을 생성 • *Leuconostoc, Lactobacillus fermentum, Lactobacillus brevis, Lactobacillus kefir, Lactobacillus buchneri* $\underset{\text{포도당}}{C_6H_{12}O_6} \longrightarrow \underset{\text{유산}}{2CH_3 \cdot CHOO \cdot COOH} + \underset{\text{에탄올}}{C_2H_5OH} + CO_2$ $\underset{\text{포도당}}{2C_6H_{12}O_6} + H_2O \rightarrow \underset{\text{유산}}{2CH_3 \cdot CHOO \cdot COOH} + \underset{\text{에탄올}}{C_2H_5OH} + \underset{\text{초산}}{CH_3COOH} + 2CO_2 + 2H_2$

(1) *Lactobacillus* 속

Gram양성의 비운동성이고 색소를 생성하지 않는 무포자 간균으로 미호기성이며 대부분 catalase 음성으로 산소를 이용하지 못하고 산소분압이 낮은 곳에서 잘 증식한다. 보통배지에서는 미약한 생육을 보인다. 생육에는 여러 가지 비타민, 아미노산 또는 어떤 종의 peptide를 요구한다.

식품에서의 젖산균의 역할은 젖산을 생성하여 부패균이나 병원균과 같은 유해세균을 억제하여 제조공정을 안전하게 하고 보존성을 높이는 것이다. 유제품, 침채류, 양조식품 또는 silage 등의 제조에 젖산균을 이용하고 젖산 자체가 식품의 맛에 미치는 영향과 젖산균이 간장과 같은 양조물의 풍미에 미치는 영향 그리고 유제품에서 diacetyl 등 방향물질의 생성작용도 중요하다.

- *L. bulgaricus*: 생육 적온은 40~50℃이며 젖산균 중 산 생성이 빨라 요구르트 제조에 중요한 균이다.
- *L. acidophilus*: 생육 적온은 37℃이며 유아의 변에서 분리했고 요구르트, acido - philus milk 생산에 이용된다.
- *L. delbrueckii*: 발효유에는 이용되지 않고 침채류와 곡물에서 젖산을 생성한다.
- *L. plantarum*: 생육 적온은 30℃이며 김치 발효 후기에 주로 관여하는 중요한 젖산균이다.
- *L. brevis*: 이상발효젖산균으로 생육적온은 30℃이며 야채 발효식품에 주된 균이다.
- *L. sake*: 일본 청주에서 분리한 젖산균이다.
- *L. homohiochii*, *L. heterohiochii*: 화락균으로 일본 청주의 품질을 저하시키는 백탁과 산패를 일으키는 유해균이다.

4) Gram음성 호기성 간균

(1) *Acetobacter*(초산균) 속

절대 호기성Obligatory aerobe이고 무포자의 gram음성 간균이며 긴 연쇄를 할 때도 있다. 비운동성의 것이 많으나 운동성인 것도 있다. 액체배지상에서 피막을 형성하며 에탄올을 산화하여 초산을 만들고 식초 양조에 이용된다.

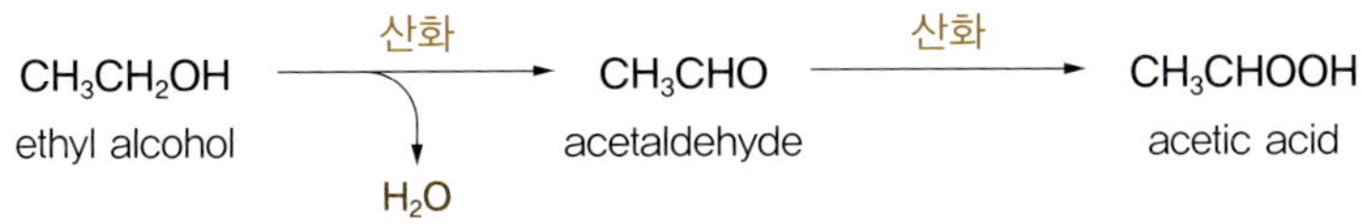

초산균의 생육 적온은 약 30℃이며, 최적 pH는 3.5~6.5이고, 맥주·포도주·희석 청주 또는 약 5%의 주정을 첨가한 맥아즙이나 국즙 등에 잘 발육한다.

에탄올을 산화하여 초산을 생성하는 균을 초산균이라고 하나 초산 생산력이 강하고 주모를 가지는 것을 *Acetobacter*라 하고 포도당을 산화하여 gluconic acid를 다량 생산하는 것을 *Gluconobacter*라고 분류하기도 한다. 초산균은 쉽게 변이를 일으키며 특히 40℃ 이상의 고온에서는 이상형태를 보이고 균총의 S→R(smooth→rough)변이나 균체색 등에 변이가 잘 일어난다. 주정음료 공정에서는 주정을 산화하여 감소시키는 유해균이 되며 균종에 따라서는 초산을 다시 산화시키는 것도 있다.

- *Ac. aceti*: 과거 식초 양조에 주로 이용되던 균이다.
- *Ac. schutzenbachii*: 속초균으로 식초 양조에 주된 균이다.
- *Ac. kutzungusnum*, *Ac. ascendans*, *Ac. xylinum*: 식초 발효액에 혼탁을 일으키고 불쾌한 ester를 생성하며 초산을 과산화하는 유해균이다.
- *Ac. orleanense*, *Ac. viniacetati*, *Ac. rancens*: 포도주 양조에 이용되는 균이다.
- *Ac. xylinum*, *Ac. industrianum*, *Ac. oxydans*, *Ac. aceti*: 포도당을 산화하여 gluconic acid를 생산하는 데 응용된다.

(2) *Gluconobacter* 속

포도당을 산화하여 gluconic acid를 생성한다.

- *Glu. oxydans*: 유해균으로 채소, 과일 등의 식품에 신맛을 내는 부패균이다.
- *Glu. roseus*: D-sorbitol을 산화하여 L-sorbose를 생성하며, 비타민 C의 제조에 이용된다.

(3) *Pseudomonas* 속

Gram음성, 무포자 간균으로 극모를 형성하는 운동성인 균이다. 담수, 해양, 토양 및 식물 표면 등 자연계에 널리 분포한다. 대개의 병원 *Pseudomonas*는 식물을 감염하며 거의 동물이나 인간에 병을 일으키지 못한다. 똑바르거나 구부러진 간상으로 무포자이며, 하나 또는 여러 개의 극모를 가지고 활발히 운동을 하나 편모가 없는 변이주도 있다. 세포의 크기는 0.5~1×1.5~4 μm이고, 대부분 oxidase 양성이며, 영양요구는 단순하여 비타민, 아미노산 등을 함유하지 않는 합성배지에서도 잘 발육한다. 당류와 방향족 화합물의 산화력이 강하여 주로 당류의 산화적 대사를 한다.

생육에 비교적 높은 수분활성(A_w 0.97~0.98)을 요구하므로 식염이나 당이 가해진 식품 또는 건조식품에서 증식이 어렵다. 내건조성과 내열성이 약하여 저온살균법으로 사멸되고 42℃ 이상에서 거의 생육하지 못한다.

대부분은 동물에 비병원성이나 식물병원성균이 많다. *Pseudomonas* 속 균은 어패류, 육류, 육가공품, 우유, 달걀, 채소 등 많은 식품의 주요한 변패균으로 호냉균 psychrophile이고 적온이 20℃ 이하이므로 호기적 상태의 저온에서 저장된 냉장식품의 부패에 가장 큰 역할을 한다.

- *Ps. aeruginosa*: 녹농균으로 화농부에 피오시아닌pyocyanin이라는 청녹색 색소를 형성하며 우유의 청변을 일으킨다.
- *Ps. fluorescens*, *Ps. fragi*, *Ps. nigrifaciens*, *Ps. putrefaciens*, *Ps. lacunogenes*, *Ps. taetrolens*, *Ps. sapolactica*, *Ps. syncyanea*, *Ps. synxantha* 등: 우유 및 유제품을 부패시킨다.
- *Ps. fluorescens*, *Ps. taetrolens*, *Ps. mucidolens*, *Ps. perolens* 등: 달걀을 부패시킨다.

5) Gram음성 통성혐기성 간균

(1) *Escherichia* 속

식품오염의 지표균인 대장균군으로 동물의 장관에 주로 대장에서 서식한다.

- *E. coli*: 대표적인 대장균으로 4가지 특징인 ① lactose를 분해하여, CO_2와 H_2를 생성하고, ② 장관 내에서 비타민 K를 생성하며, ③ 대장 내의 O_2를 소비하여 혐기적으로 만들고, ④ 식품위생상 중요한 지표균이다.

(2) *Salmonella* 속

*E.*와 유사하며 주모가 있는 것(운동성)과 없는 것(비운동성)이 있고 구연산citric acid을 이용한다.

- *S.* typhi: 장티푸스균이다.
- *S.* enteritidis: 달걀, 닭고기 등에서 식중독을 일으키는 감염형 식중독균이다.

(3) *Shigella* 속

비운동성균으로 세균성 이질의 원인균도 있다.

- *Shigella dysenteriae*: 세균성 이질균이다.

(4) *Proteus* 속

호기성으로 주모가 있어 운동성이며 *Salmonella*, *Shigella* 속과 함께 장내 병원성의 중온균으로 단백질 분해력이 강한 부패균이다.

- *Proteus morganii*: 알레르기성 식중독의 원인균이다.

(5) *Vibrio* 속

Gram음성, 통성혐기성 간균으로 나선상으로도 된다. 긴 편모가 있어 운동성이 있으며 담수, 해수, 토양에 널리 분포한다.

- *V. cholerae*: 콜레라의 원인균이다.
- *V. parahaemolyticus*: 장염 *Vibrio*균으로 주로 여름철에 해산물을 익히지 않고 먹었을 때 발생하는 감염형 식중독균이다.

05

버섯류 및 조류

1. 버섯류 | 2. 조류

05 버섯류 및 조류

1 버섯류

버섯Fungus mushroom은 곰팡이fungi의 일종으로 균사체, 유성자실체로 몸통이 구성되어 있으며 포자를 형성하는 미생물이다. 분류학상 대부분 담자균류 *Basidiomycetes*에 속하고, 일부는 자낭균류*ascomycets*에 속한다.

1) 버섯의 형태와 구조

버섯의 형태는 곰팡이와 비슷하며 자실체, 균사체, 균사로 된 고등미생물이다. 자실체는 갓 모양이 가장 흔히 볼 수 있는 형태이며, 이 자실체는 뒷면에 주름gills이 있는 갓cap과 균병stem이 주요 부분이다.

2) 버섯의 증식 및 성장

버섯의 생활상은 유성생식과 무성생식으로 나뉜다. 세포의 증식을 통한 버섯의 성장 시기에는 세포분열을 하며, 성생식기에는 단배체의 유전자(n)를 가진다. 그후 새롭게 독립된 개체를 만들기 위한 포자를 만들기 위해 서로 다른 균사에서 두 세포가 융합을 하여 하나의 세포에 2개의 핵을 가지는 2배체 시기로 돌입한다. 2배체의 세포가 분열을 하고 성장을 한 후 핵융합이 이루어지고, 감수분열 후 단배체의 포자를 형성하여 날려 보낸다. 이러한 시기를 유성생식 시기라 한다.

이렇듯 버섯은 대부분 포자에 의해서 증식한다. 담자균류는 자웅동주 혹은 이주의 2개 균사가 접합하여 담자기가 되고, 그 끝에는 보통 4개의 경자를 형성하여 각각 1개의 담자포자를 형성한다. 자낭균류는 자웅동주 혹은 이주의 2개 균사가 접합하여 접합한 곳에서 공모양으로 팽대해져 자낭포자를 형성한다.

3) 식용버섯의 종류

- 표고버섯*Contimellus edodes*: 사물 기생을 하는 버섯으로 밤나무, 참나무에 기생한다. 버섯의 표면은 흰색 또는 흑갈색을 띠며 갓의 지름은 6~9cm이다.
- 송이버섯*Tricholoma matsutake*: 소나무 실뿌리에 생물 기생하며, 대표적인 식용버섯이다.
- 느타리버섯*Pleurotus ostreatus*: 떡갈나무, 전나무에 많이 기생하며, 인공재배가 쉽다. 지름은 6~9cm이고 식용이다.
- 싸리버섯*Clavaria botrytis*: 침엽수, 활엽수가 있는 지상에 잘 자란다.
- 목이버섯*Auricularia polytrica*: 침엽수의 고목에서 생육한다.
- 양송이버섯Mushroom, *Agaricus bisporus*: 삿갓은 살이 두껍고, 균병은 굵으나 삿갓과 균병의 육질의 차이가 있어 분리되기 쉽다. 향기는 적으나 맛이 좋아 인공재배하여 통조림으로도 사용된다.

4) 독버섯의 종류 및 성분

(1) 세포파괴형 독소

- Amatoxin, Amamitin, Amanin, Amaninamide: 독우산 광대버섯, 알광대버섯, 희알광대버섯의 독성분으로 세포파괴형 증상을 일으킨다. 환상 peptide구조이며, α, β, γ-amanitine이 알려져 있다. 가장 독성이 강한 것은 α- amanitine으로 치사량은 0.1 mg/kg/kg이다. 설사, 구토, 간 및 신장손상을 초래한다.
- Phallotoxin, phallisin, phallacidin, phallisacin: Amatoxin과 같은 환상구조의 peptide로 독우산광대버섯, 알광대버섯 등에 있다.

(2) 신경독형 독소

- Muscarine, Muscaridine: 광대버섯, 삿갓외대버섯, 냄새무당버섯, 흰삿갓깔대기버섯, 마귀광대버섯, 삿갓땀버섯에 존재하는 신경독소로 독성이 강하여, 치사량은 인체에 피하주사로 3~5 mg, 경구투여로 0.5 g이다. 중독증상은 1.5~2시간 안에 나타난다. 증상은 부교감신경의 지속적 흥분, 발한, 구토, 혈압 저하, 설사 등을 일으킨다.

(3) 향정신성장애 독소

- Psilocin, Psilocybin: 미치광이버섯, 감은디말똥버섯, 좀환각버섯, 침비늘버섯, 난버섯, 끈적버섯에 들어 있는 물질로 환각작용을 일으킨다.

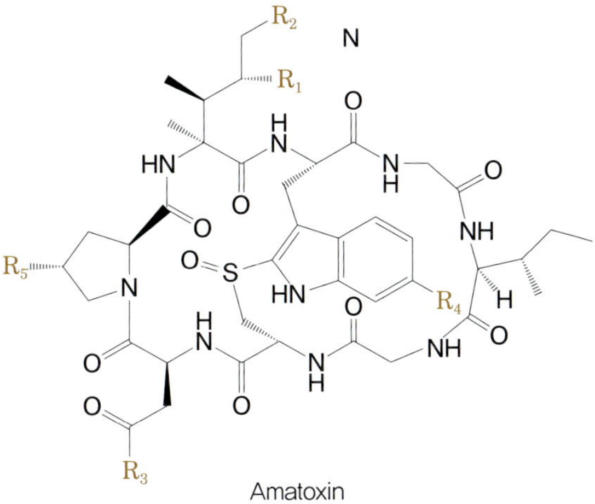

Amatoxin

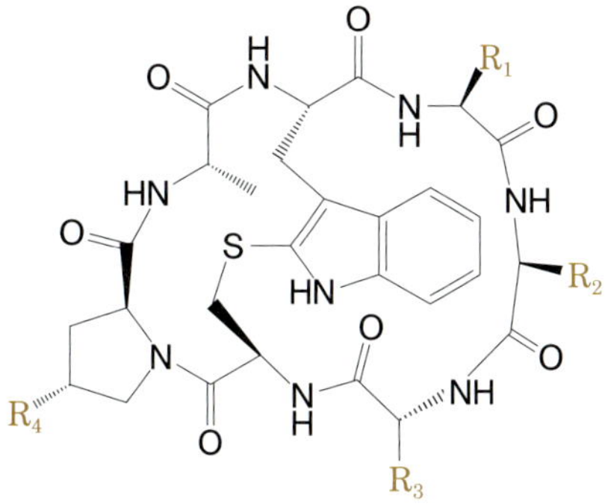

Phallotoxin

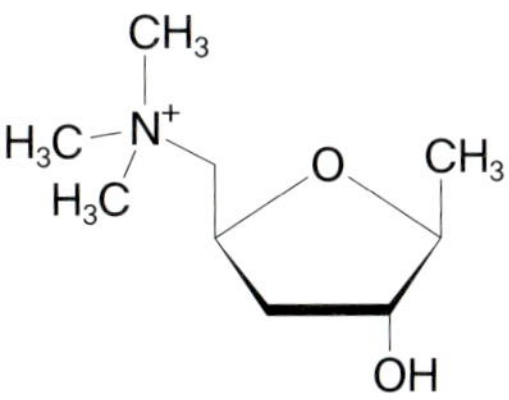

Muscarine

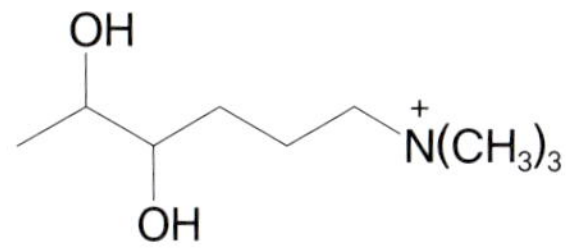

Muscaridine

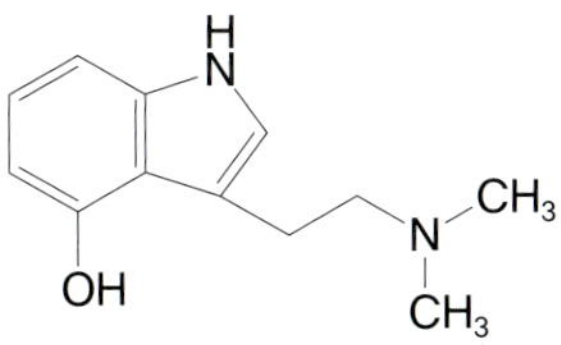

Psilocin

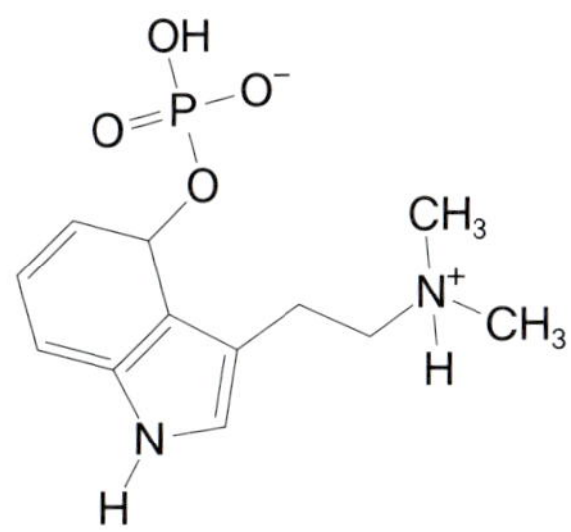

Psilocybin

그림 6-1 독버섯의 유독성분 구조

2 조류

조류Algae란 단세포 또는 다세포 생물로 수중에서 광합성을 하는 독립영양 생물을 말하며, 담수와 해수, 습지, 암석 표면 등 광범위한 환경에서 자란다. 조류는 함유 색소의 종류에 따라 고유한 색을 띠는데, 보통은 엽록소를 갖고 있어 녹색을 띠나 종류에 따라 남조소나 홍조소 등 다양한 색소를 가진다. 조류는 증식과정에서 여러 가지 색소를 이용하여 광합성을 하고 그 산물인 산소로 다른 수중생물의 생육과 환경에 중요한 영향을 끼친다.

조류의 크기는 다양하다. 2 μm 이하의 picoplankton부터 길이가 50 m가 넘는 녹조류까지 다양한 종류의 수생물물군을 포함하고 있다. 또한 생육 유형에 따라 부유성과 저서성으로 분류하고, 물에 이취미나 착색 유발, 응집 침전 저해, 여과 폐색, 여과수 누출 등 수자원 이용에 장해를 일으키는 것은 거의 부유성 조류가 대량으로 발생기 때문이다.

조류는 방대한 종류의 수생식물군을 포함하고 있어 원생생물계와 식물계의 다양한 종들을 포함하고 있다. 또한 서로 다른 유전학적 조상을 가지고 있어 하나의 공통된 생물학적 분류체계에 넣기는 어렵다. 따라서 일반적으로 외형적인 특징인 색깔을 기준으로 분류하고 있다.

1) 녹조류

담수, 토양, 목피 등에 널리 분포하고 chlorophyll a 및 b를 다량 함유하는 색소체를 가진다. 영양체가 단세포이며 편모를 가져 운동성을 가지기도 한다. 편모의 숫자에 따라 2편모성, 4편모성, 무편모인 부동성의 속으로 나누기도 하며, 연결생활체를 형성하는 *Volvos* 속, 다핵세포가 사상으로 되는 *Cladophora* 속, 단세포의 핵이며 주로 구형을 하는 *Chlorella* 속 그리고 청태 등이 잘 알려졌다.

2) 규조류

황색을 띠며 식물에 속하는 특수한 형태의 조류로 담수, 해수, 토양 등에 널리 분포하는 식물성 플랑크톤이다. 현미경적인 단세포성이나 때로 군체를 이루고 있는 것도 있다. 세포에는 엽록소 외에 조황소phycoxanthin를 가진다. 세포는 상자모양으로 중합된 여러 겹의 껍질로 싸여 있다. 생식은 무성생식이 보통이나 유성생식이라고 생각되는 증대포자auxospore를 형성하기도 한다.

3) 갈조류

한류해수에서 잘 서식하고 육안으로 볼 수 있는 다세포형이며 무성생식과 유성생식을 한다. 약 250속이 대표적인 품종으로는 다시마, 미역, 녹미채(톳) 등이 있다. 세포 내에 cholorophyll a, c와 함께 다량의 xanthophyll을 함유하는 갈색 색소체를 가진다.

4) 홍조류

난류해수에 서식하고 육안으로 볼 수 있는 다세포형으로 홍색, 자색 때로는 청록색을 보인다. 무성생식과 유성생식을 한다. Chlorophyll a와 b, carotene, xanthophyll, phycoerythrin, phycocyan 등의 색소를 함유하며, 홍색을 띠는 것은 phycoerythrin의 함량이 많기 때문이다. 세포막은 보통 cellulose와 pectin으로 되어 있으나 다양한 탄수화물의 polymer를 이루고 있다. 약 500종이 알려졌고 우뭇가사리, 김 등이 여기에 속한다.

5) 남조류

현미경적이고 가장 원시적인 조류로 세균 중 하나인 cyanobacter와 비슷한 성상을 한다. Chlorophyll a를 가진다.

06

방선균과 박테리오파지

1. 방선균 | 2. 바이러스와 박테리오파지 | 3. 파지의 구조
4. 파지의 생활사 | 5. 발효공업에서 파지의 피해 및 오염방지 대책

06 방선균과 박테리오파지

1 방선균

방선균(放線菌Actinomyces)은 주로 토양에 서식하며, 원핵세포로 되어 있는 하등생물이다. 다양한 균사를 형성하며, 폭 0.3~1.0 μm 정도의 매우 가는 균사를 가지고 있다. 세포의 크기와 생리적 특성은 세균과 비슷하며, 균사를 형성하는 형태는 곰팡이와 비슷하다. 곰팡이처럼 기중균사와 포자를 만드는 종류도 많다. 방선균의 종류로는 *Streptomyces*(95%), *Nocardia*(1.98%) 및 *Miceromonospora*(0.2%) 정도가 있고, 이 중에서 *Streptomyces*가 주종을 이루고 있으며, gram양성균이다.

방선균은 토양, 식물체, 동물체 및 하천 등 자연계에 널리 분포하며, 특히 자연계에 존재하는 대부분의 방선균은 토양에 존재하는 종류가 많으므로 일반적으로 방선균이라 함은 토양에 존재하는 방사선균만을 일컫기도 한다. 방선균은 토양 1 g당 10^5~10^8의 개체군을 이루며, 토양에서 세균 다음으로 많은 비율을 차지하고 있다. 방선균의 생육 최적온도는 28~37℃이지만, 일부의 방선균은 55~65℃에 이르는 퇴비더미에서 자라기도 한다.

방선균은 토양 중에 남은 분해가 어려운 각종 유기물의 분해, 특히 난분해성 유기물(cellulose나 lignin 등) 분해에 중요한 역할을 하며, 토양에서 다양한 종류가 검

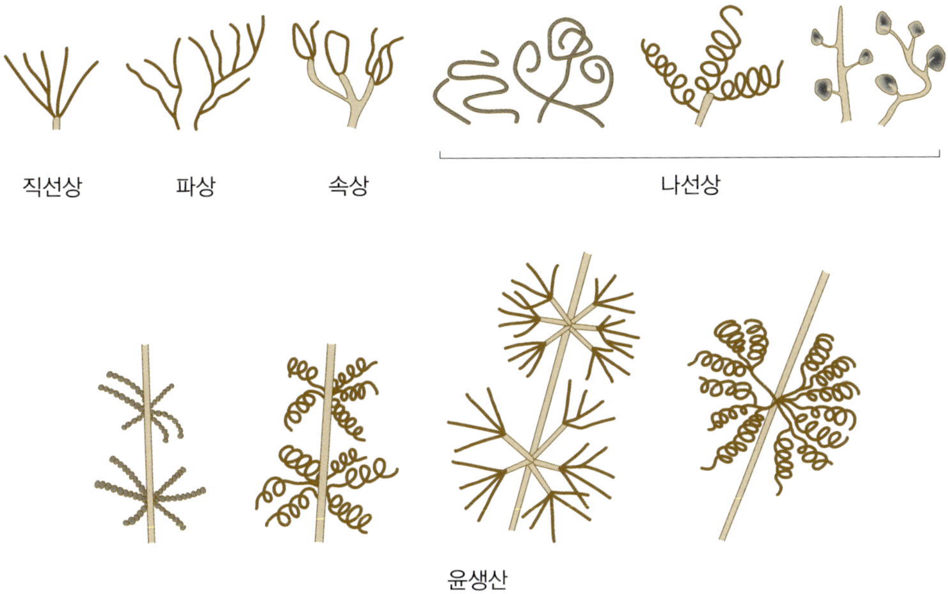

그림 6-1 방선균의 형태

출된다. 농업적인 측면에서 보면, 토양 속의 각종 동·식물의 사체를 분해하여 토양을 비옥하게 만드는 역할을 한다. 또한 방선균은 스트렙토마이신streptomycin이나 테트라시클린tetracycline 등과 같은 많은 항생물질을 생산하여 의약품 제조에 이용되고 있다. 그러나 방선균은 감자의 더댕이병*Streptomyces scabie*이나 고구마잘록병 등의 원인이 되기도 한다. 또한 소의 입 속에 상재하는 균 중에서 사료의 이물에 의해 생긴 잇몸의 상처를 통해 주로 방선균이 몸 안으로 침입해 골조직을 파괴하고, 신생물의 형성을 촉진시켜 안면의 변형을 일으킨다고 보고되었다.

2 바이러스와 박테리오파지

바이러스는 일반 미생물과는 전혀 다른 단순한 구조로 구성되어 있으며, 광학 현미경으로도 관찰할 수 없는 대단히 작은 미생물로 직경이 약 20~350 nm 정도이다(그림 6-2). 세포로 구성된 생명체와는 달리, 바이러스는 유전물질(DNA 또는 RNA)인 핵산이 단백질로 이루어진 캡시드capsid에 둘러싸여 있는 독특한 구조로 되어 있다. 유전물질은 DNA나 RNA 중 어느 한쪽의 핵산만을 가지며, 캡시드는 캡소머capsomer라 불리는 동일한 구조의 수많은 단백질 단위체들로 조립된다. 이렇게 보유하는 핵산의 유형에 따라 DNA와 RNA 바이러스로 구분된다. 바이러스 중 일부는 단백질 외곽을 싸고 있는 외피envelope를 갖고 있다.

바이러스는 독자적으로 내사기능을 수행하지 못하기 때문에 숙주세포 밖의 환경에서는 불활성화된 입자로 존재하는데 이러한 상태의 바이러스를 비리온virion이라 한다.

바이러스는 세포내 절대기생체obligate intracellular parasite로 항상 살아있는 세포 내에서만 증식할 수 있다. 특정 숙주세포에 침입한 바이러스는 숙주의 대사기구(효소, 리보솜, 운반RNA, ATP 등)를 점유하여 수백 개 이상의 자신과 동일한 바이러스 입자를 복제하도록 유도한다. 복제된 바이러스 입자들은 숙주세포를 파괴하고 방출되어 새로운 숙주에 기생하여 증식한다.

바이러스는 동물, 식물, 세균, 조류, 진균류, 원생동물 등 모든 종류의 세포에 널리 기생하며, 이들은 그들이 기생하는 생물에 의해 구분된다. 그중에서 세균에 침

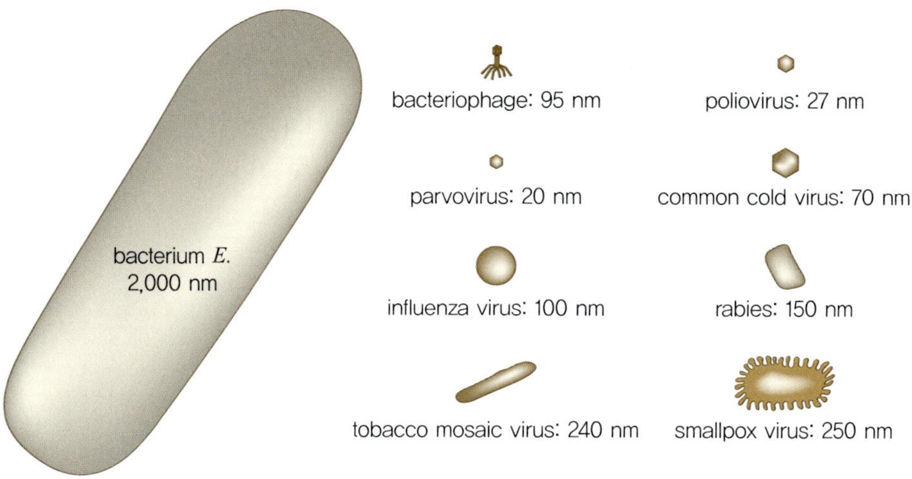

그림 6-2 바이러스의 크기와 종류

입하여 기생하는 바이러스를 박테리오파지bacteriophage 또는 간단히 파지phage('먹을 것' 이라는 의미)라고 부른다.

파지는 적당한 숙주세균host bacteria에 침입하고 숙주세균의 대사를 이용하여 자신의 유전물질을 복제하고 증식할 수 있는 능력을 가진다. 파지는 각각 고유한 숙주 특이성이 있으며, 감염원이 되는 세균과 동일한 균주 또는 유사한 균주에만 감염한다.

3 파지의 구조

대부분의 알려진 파지는 이중가닥의 DNA를 갖고 있으며 꼬리가 있는 것과 없는 것이 있다. 파지의 크기는 세균의 약 1/10 정도이고 용적은 1/1000 정도이다.

가장 연구가 많이 된 파지는 대장균에 감염하는 T2와 T4 파지로 기본구조는 그림 6-3과 같다. 전체적인 형태는 달 착륙선과 유사하며, 머리와 꼬리의 복잡한 구조를 갖고 있다. 머리 부분은 DNA와 이를 둘러싼 캡시드로 구성되어 있으며, 꼬리 부분은 이음고리collar, 중앙의 관core tube(덮개에 둘러싸여 있음), 기저판baseplate, 꼬리섬유tail fiber로 되어 있다.

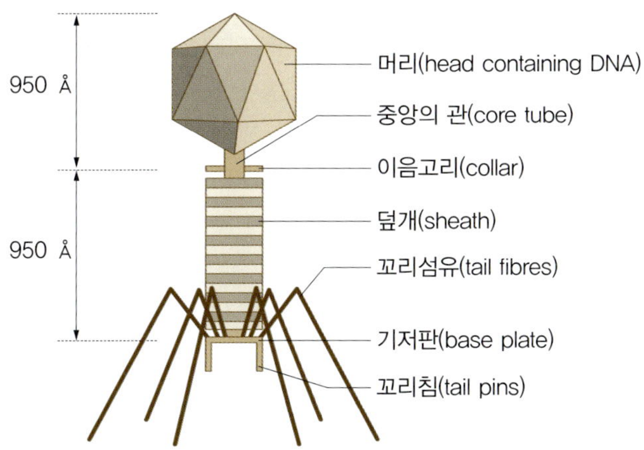

그림 6-3 파지의 구조

4 파지의 생활사

파지는 감염시키는 세포에 어떠한 영향을 끼치는가에 따라서 독성 파지와 용원 파지의 두 종류로 구분한다. 파지의 일반적인 생활사는 그림 6-4와 같다.

1) 용균성 주기(lytic cycle)

대부분의 파지는 침입하는 세균세포 안에서 증식한 뒤 숙주세포를 용해시켜 빠져 나오는데 이를 독성 파지virulent phage라고 한다. 독성 파지는 증식할 때 부착, 침투, 합성, 조립, 성숙, 방출의 용균성 주기를 거치게 된다.

- 부착: 단백질로 된 꼬리섬유 부분이 세균 세포벽의 특정 수용체에 부착하고 기저판이 세포벽에 정착한다.
- 침투: 꼬리가 수축되고 중앙의 관을 통해 핵산이 세포벽을 통과하여 세균세포 내로 주입된다.
- 합성: 숙주세포의 대사계를 이용하여 파지의 유전물질과 몸체를 구성하는 단백질 성분들을 복제한다.
- 조립 및 성숙: 복제된 파지 성분들이 원래의 파지와 동일한 파지들로 조립되어 수백 개의 파지입자를 생산하고 성숙된다.
- 방출: 성숙된 파지는 숙주세포를 용해subscript시키고 방출된다. 방출된 파지는 또 다른 세균세포에 감염되어 새로운 용균성 주기가 시작된다.

2) 용원성 주기(lysogenic cycle)

용원성 파지temperate phage는 감염하는 세균에서 파지를 생산하지 않고 잠복상태에 놓인다(그림 6-43). 즉 세균세포 안으로 들어온 파지 DNA가 새로운 DNA나 단백질을 합성하지 않고 숙주세포의 염색체에 부착하여 염색체의 일부가 되며, 세균의 세포분열에 따라 동시에 복제되어 세균의 후손에 유전된다. 세균 DNA에 삽입

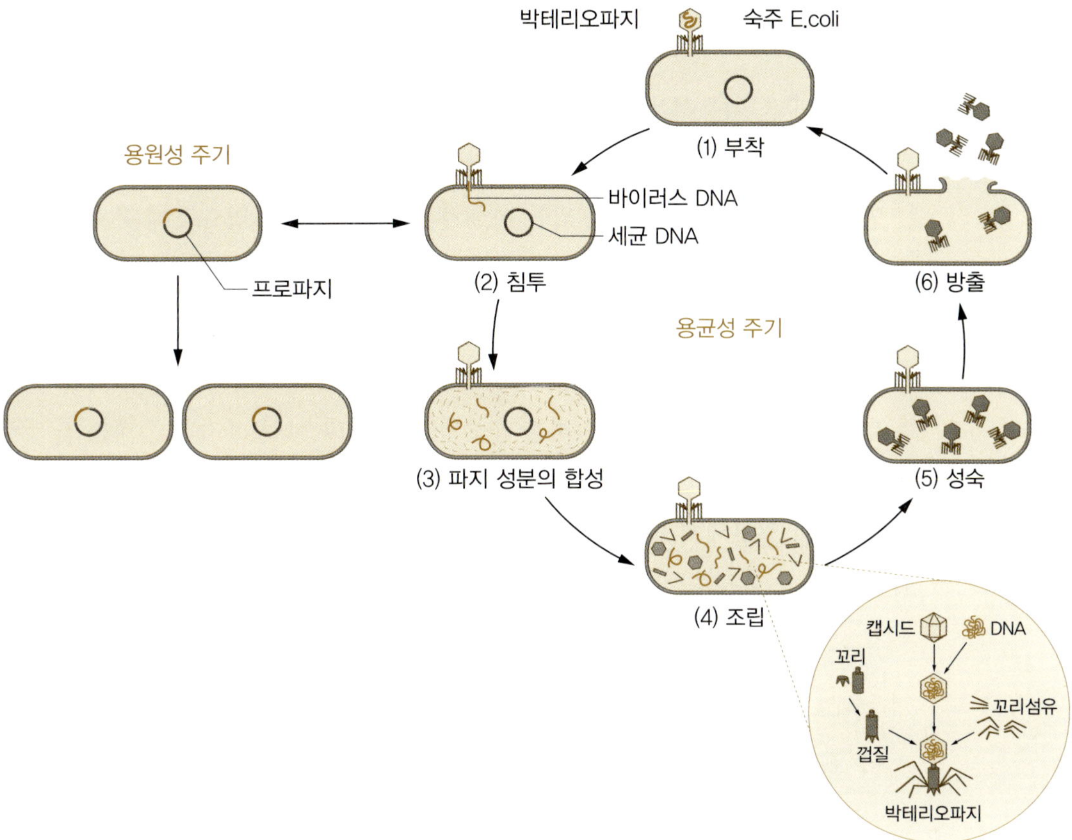

그림 6-4 파지의 생활사

된 상태로 잠복해 있는 바이러스 DNA를 프로파지prophage라 부르며, 이러한 프로파지를 갖고 있는 세균을 용원균lysogenic strain이라 한다.

용원균은 일반 세균처럼 분열하고 증식하지만, 자외선조사나 화학물질에 의해 잠복상태로 있던 프로파지가 독성 파지로 전환되어 용균성 회로로 들어갈 수 있다.

5 발효공업에서 파지의 피해 및 오염방지 대책

세균을 이용하는 발효공업에서 파지에 의한 피해가 자주 발생한다. 특히 치즈와 요구르트와 같은 유제품의 스타터starter나 항생물질 등의 발효생산에 이용되는 방선균에서 파지의 감염에 의한 피해가 자주 발생된다. 발효조에 파지가 침입하면 발효미생물이 용균되거나 증식이 정지되어 발효생산 물질의 생성이 정지되거나 저해되는 현상이 발생된다.

파지에 감염된 발효액을 한천평판배지에 배양하면 세균이 용해되어 죽은 부분이 투명한 반점처럼 나타난다. 이것을 용균반plaque이라 하며 파지의 존재를 간접적으로 확인시켜주는 수단이 된다.

발효산업 현장에서 파지의 오염을 방지하기 위하여 다음과 같은 방법들이 이용되고 있다.

- 공장 주변, 공장 내부, 사용 설비 및 기구 등을 청결히 하고 살균 조작을 철저히 한다.
- Rotation system: 파지에 대하여 감수성이 다른 생산균주를 여러 종류 준비하여 2종류 이상으로 한 계열을 만들고 2~3일마다 계열을 바꾸어 사용한다.
- 저농도의 항생물질에 잘 견디고 정상적으로 발효를 수행할 수 있는 내성 균주를 이용한다.

07

미생물의 생리와 대사

07 미생물의 생리와 대사

1 미생물의 생리

1) 미생물의 성장에 미치는 요인

(1) 화학적 요인

① 영양소

미생물은 다른 생명체에서 기원되는 유기물 형태의 탄소를 얻어야 생존하는 종속영양생물heterotroph과 무기 탄산가스를 탄소원으로 이용 가능한 독립영양생물autotroph로 구분된다. 미생물의 일반적인 탄소원은 단당류와 이당류이다. 그러나 유당lactose의 경우, 장내 세균과 일부 젖산균 이외에 대부분의 효모는 이용하지 못한다. 다당류는 세포외 효소를 분비하는 미생물에 의해 가수분해된 후 이용되며 곰팡이와 일부 부패균은 강력한 amylase를 생산한다. 또한 세포내 다양한 단백질 합성을 위해 일반적으로 암모늄염, 질산염과 같은 질소원을 필요로 하며, 영양요구량이 까다로운 일부 젖산균의 경우 다양한 종류의 아미노산을 요구한다. 펩톤과 같은 고분자화합물은 일부 곰팡이와 같이 단백질 분해효소를 분비하는 미생물에 의해서만 이용가능하다. 그밖에 효소의 활성과 2차 대사산물 생산에 인, 황, 마그네

슘, 칼륨, 나트륨, 칼슘 등과 같은 다양한 무기원소가 필요하며, 대부분의 미생물은 비타민 합성 능력이 있는 반면, 젖산균과 같은 일부 미생물에게 비타민 B군과 같은 유기화합물은 중요한 성장인자이다.

② 수분

식품 중 물은 자유수와 결합수로 구분되며 미생물은 자유수만 대사활동에 이용이 가능하다. 따라서 미생물이 식품내 이용 가능한 수분의 양을 전체 수분함량보다는 수분활성도water activity, A_w로 표현하는 것이 타당하다. 수분활성도는 식품을 건조하거나 설탕, 소금과 같은 용질의 양이 많아질수록 감소한다. 미생물 중 세균은 효모와 곰팡이보다 높은 수분활성도를 요구하는 반면, 곰팡이는 상대적으로 가장 낮은 수분활성도에서도 성장이 가능하다. 따라서 수분활성도가 높은 식품일 경우, 세균이 가장 우세하게 성장하나 그 반대의 경우에는 세균의 성장이 억제되고 효모와 곰팡이가 우세하게 자란다. 대부분의 미생물은 0.99 부근의 수분활성도에서 최적의 성장조건을 보이지만 *Aspergillus*와 같은 곰팡이류는 약 0.73의 수분활성도에서도 성장이 가능하여 건조식품을 장기 보존할 경우 그 이하의 조건이 되도록 탈수건조해야 한다.

③ 산소

산소는 세포내에서 여러 독성산물로 전환되는데 이러한 독성산물을 처리하는 데 필요한 효소의 함유 여부 등에 따라 미생물은 크게 다섯 그룹으로 분류된다. 즉 산소 없이 살 수 없는 절대호기성 미생물obligate aerobe, 산소가 있거나 없거나 성장이 가능하여 산소 존재 시 산소호흡을 하고 없을 경우 발효라는 물질대사를 하는 통성혐기성 미생물facultative anaerobe, 정상적인 산소농도가 아닌 적은 양의 산소(1~15%)를 요구하는 미호기성 미생물microaerophile, 독성 있는 산소를 처리할 효소가 없어 산소의 존재 시 성장이 저해되는 절대혐기성 미생물obligate anaerobe, 산소를 이용하지는 않지만 산소가 있는 곳에서 생존할 수 있는 내기성혐기성 미생물aerotolerant anaerobe이 있다.

④ 수소이온 농도

대부분의 세균류는 중성 부근의 pH에서 최적 성장을 보이는 호중성 미생물neutrophile이며 pH 4.5~5.0이 되면 성장지연 현상이 나타난다. 그러나 젖산균의 경우 pH 3.5까지도 성장이 가능하다. 곰팡이와 효모는 약산성(pH 5.0~6.0)에서 가장 잘 자라며, pH 2.0 이하의 강산성에서도 잘 자라는 균종이 있다.

(2) 물리적 요인

① 온도

온도는 미생물의 생존뿐 아니라 세포의 크기, 영양요구성, 대사산물의 생산, 효소반응 등에 영향을 미치며, 미생물마다 성장에 알맞은 최적온도와 최저·최고온도를 갖는다. 미생물은 최적 성장온도에 따라 다음과 같이 3가지 그룹으로 분류된다. 즉 15℃ 이하의 최적 온도를 가지며, 0℃에서도 성장할 수 있는 호냉성 미생물psychrophile, 10℃와 50℃의 극한 온도에서도 자랄 수 있지만 최적 성장온도가 20~40℃의 범위 안에 있는 호중온성 미생물mesophile, 45℃ 이상의 온도에서 잘 자라는 호열성 미생물thermophile로 구분된다. 더 나아가, 낮은 온도에서는 느리게 자라지만 20℃ 이상의 최적온도를 가지는 내냉성 미생물psychrotroph도 있다.

② 광선과 방사선

대부분의 식품미생물은 광선을 필요로 하지 않으며 오히려 밝은 곳보다는 어두운 곳에서 잘 자란다. 살균력이 있는 직사광선의 경우 수분간 조사로 일반 세균은 물론 포자도 수시간만에 사멸된다. 특히 단파장인 자외선(200~320 nm) 부분이 살균력이 있으며, 그중 260 nm의 파장대가 핵산에 의해 가장 잘 흡수된다. 또한 자외선보다 파장이 짧은 X선, γ선 그리고 방사성 동위원소에 나오는 β선 등과 같은 방사선도 모든 미생물에 치사작용과 돌연변이작용을 나타낸다.

(3) 생물학적 요인

미생물 간의 협력관계는 영양적으로 밀접한 관계를 맺고 사는 공생symbiosis관계와 독립적으로 살면서 상호 관계를 나타내는 비공생관계로 구분된다. 공생관계는 세분하여 양쪽 미생물에게 서로 이익을 주는 절대적 의존관계인 상리공생mutualism, 한쪽은 이익을 받지만 동거미생물은 해도 이익도 받지 않는 편리공생commensalism, 숙주생물에게 의존하면서 해를 입히며 이익을 얻는 기생parasitism관계로 구분된다. 또한 비공생관계는 생존을 위해 반드시 필요하지는 않지만 관계형성 시 모든 미생물에게 이익이 되는 상승작용synergism과 한 미생물의 작용이 동일 군락 내에 있는 다른 미생물의 생존이나 번영에 영향을 주는 길항작용antagonism으로 구분되는데, 길항작용의 경우 일반적으로 한 미생물이 다른 미생물을 저해하거나 파괴하는 화학물질을 주위 환경에 분비한다.

2) 성장곡선

영양분과 공간이 한정되어 있는 회분 배양체계batch culture system에서 일반적인 미생물의 성장곡선은 그림 7-1과 같다. 지체기(유도기lag phase)는 새로 접종된 세포가 적응, 확장하는 단계로서 DAN, 효소, 리보솜의 합성이 일어나는 기간이다. 그 시기의 기간은 미생물의 종류와 배지의 조건에 따라 달라진다. 대수생장기(대수기exponential growth phase)는 세포 분열속도가 최대에 도달하여 대수적으로 균수가 늘어나 곡선이 정비례로 증가하는 기간이다. 이 기간은 충분한 영양분이 있고 적절한 환경조건이 주어지면 오랫동안 지속될 수 있다. 생장정체기(정지기stationary growth phase)는 세포 사멸속도와 증식속도가 균형을 이루는 시기로서 세포수는 일정하게 유지된다. 항생물질, 효소 등과 같은 2차 대사산물들이 주로 이 시기에 생산되며, 생장속도가 저하되는 주된 이유는 영양분과 산소의 고갈을 비롯하여 유기산이나 독성 생화학물질의 축적 등에 기인한다. 마지막 사멸기death phase는 제한인자의 축적으로 세포가 대수속도로 사멸하는 단계이다. 그 속도는 미생물의 종류와 환경에 따라 달라지며, 젖산균의 경우 생육과 더불어 차차 젖산이 축적되기 때문에 수일 사이에 사멸하지만 다른 세균의 경우에는 수주 또는 수개월 동안 살아남는다.

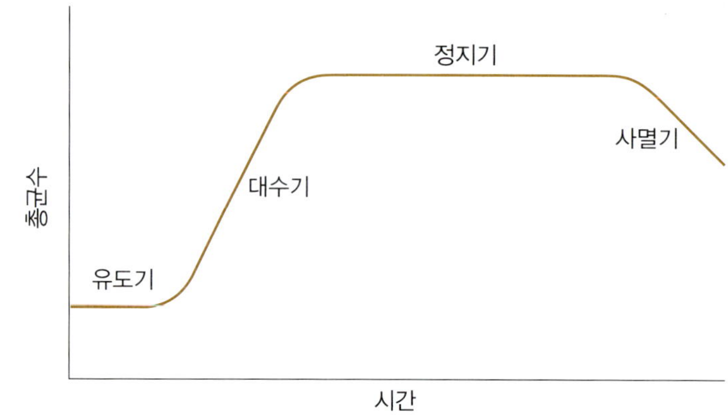

그림 7-1 미생물의 성장곡선

2 미생물의 물질대사

1) 효소

(1) 효소의 특성 및 작용 모델

미생물이 섭취한 큰 분자의 화합물을 작은 분자로 분해하면서 에너지를 얻는 이화작용과 생성된 에너지를 사용하여 작은 분자에서 더 큰 분자를 만들어 구조물을 형성하는 동화작용과 같은 물질대사는 효소enzyme라고 부르는 특별한 단백질 없이는 진행될 수 없다. 효소는 물질대사에 필요한 활성화 에너지activation energy를 감소시켜 반응속도를 가속화시키는 촉매작용을 한다. 효소는 단순히 단백질로만 구성되어 있는 아포효소apoenzyme와 단백질 이외에 금속 보조인자나 유기분자로 구성된 조효소의 존재하에 기능을 발휘하는 완전효소holoenzyme로 구분된다. 일반적으로 효소의 크기는 기질보다 훨씬 크며, 목적 기질에 대한 활성부위active site를 가지고 있어 기질과 결합하여 그 활성을 나타내지만 효소 자체가 최종 반응산물에 혼입되지는 않는다. 효소와 기질 간 상호작용에 대한 설명으로 과거 기질과 효소의 활성부위가 정확하게 일치하여 단단하게 맞물리는 모델인 "자물쇠와 열쇠lock & key model"로 묘사되었지만, 단백질인 효소는 실질적으로 활성부위에 다소 모양 변화

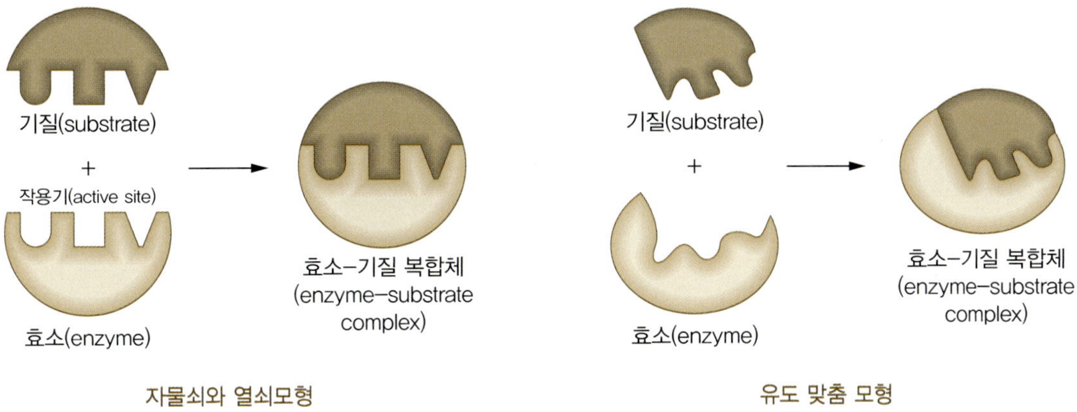

그림 7-2 효소의 자물쇠와 열쇠 모형 및 유도 맞춤 모형

를 유도할 수 있어 기질에 적응 가능하다는 "유도 맞춤 모형induced fit model"이 최근에 더 설득력 있는 모델로 받아들이고 있다.

(2) 효소의 억제

세포내 다양한 생화학 반응의 속도 조절은 효소 그 자체에 작용하여 활성을 저해하는 경우와 효소 합성의 유전적 제어를 통해 이루어지는 경우로 구별된다. 전자의 경우, 기질과 유사한 구조를 가진 억제제가 효소의 활성부위와 결합하여 기질과의 반응을 저해하는 경쟁적 억제competitive inhibition와 기질과 전혀 다른 구조의 조절분자가 활성부위가 아닌 조절부위regulatory site에 결합하여 조절하는 비경쟁적 억제noncompetitive inhibition 등을 포함한다(그림 7-3). 후자의 경우, 효소와 기질의 과잉반응산물이 DNA에 결합하여 효소 합성을 차단하거나 유도원으로 작용하는 기질이 존재할 경우 유도합성이 유발되어 반응이 조절된다. 이러한 유전적 조절방식은 더 느리고 덜 민감한 제어수단으로 알려져 있다. 또한 대부분 효소는 단백질로서 온도와 pH에 영향받아 활성이 저해된다.

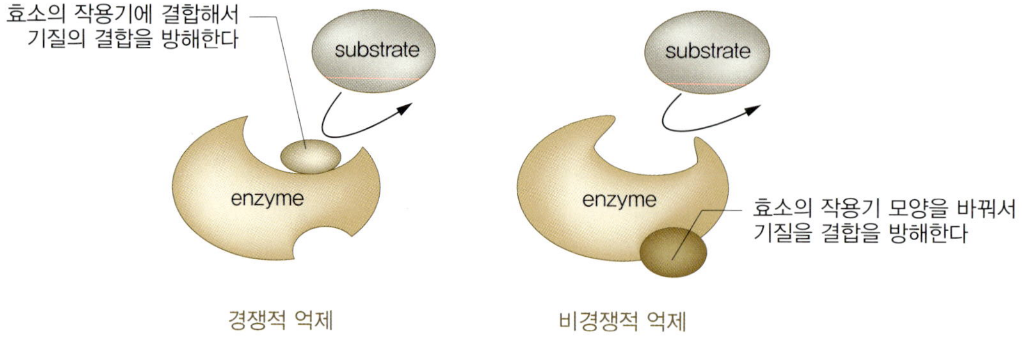

그림 7-3 효소에 대한 경쟁적 억제(A)와 비경쟁적 억제(B)

2) 탄수화물의 분해와 에너지 생성

탄수화물은 가장 중요한 에너지원으로 세포외 효소exoenzyme에 의해 포도당(글루코스)와 같은 단당류로 분해된 후 흡수되어 새포내 대사를 통해 에너지원으로 사용된다. 미생물이 에너지를 생성하는 과정인 이화작용은 다음과 같이 크게 세 가지로 구분되어 진행된다. 이 세 가지 경로는 산소호흡과 무산소호흡을 하는 미생물들에서 일어나며 두 가지 미생물의 차이점은 전자의 경우 전자전달과정 시 산소분자를 최종 전자수용체로 사용하는 반면, 후자의 경우 질산이온, 황산이온 혹은 탄산 이온을 최종 전자수용체로 사용한다. 한편 일부의 통성혐기성균, 미호기성균 및 절대혐기성균의 경우 단지 해당작용만을 이용하여 포도당을 불완전산화하는 발효fermentation과정을 통하여 ATP를 생성한다.

- 해당작용glycolysis: 엠덴-메이어호프-파라나스Embden-Meyerhof-Parnas, EMP 경로
- TCA 회로tricarboxylic acid cycle : 크렙스 회로Kreb's cycle 또는 시트르산 회로citric acid cycle
- 호흡사슬respiratory chain: 전자전달electron transport과 산화적 인산화 반응oxidative phosphorylation

(1) 해당작용

해당작용은 글루코스가 피루브산pyruvate으로 분해되는 당대사 과정으로 처음 한 분자의 글루코스가 두 분자의 글리세르알데히드-3-인산glyceraldehyde-3-phosphate이 생성되는 대사과정 동안 2분자의 ATP를 소모하며 경로를 시작한다(그림 7-4). 그 다

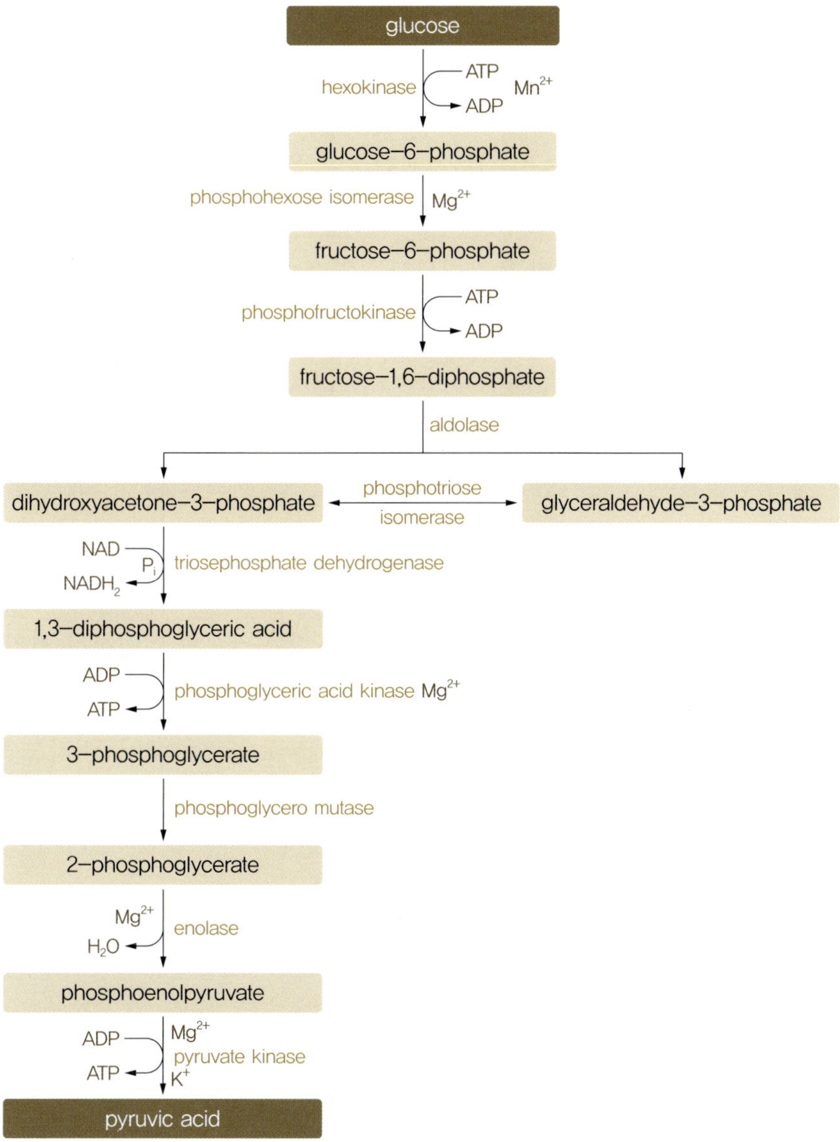

그림 7-4 해당작용(glycolysis)

음 2분자의 피루브산이 생성되는 동안 총 2분자의 $NADH_2$와 4분자의 ATP가 생성된다. 당대사의 최종산물인 피루브산은 동화작용 경로를 통해 아미노산, 당, 지방대사물의 원료로 사용되거나 산소 존재 시 TCA 회로 및 전자전달계를 거쳐 CO_2와 H_2O로 완전산화된다. 또한 산소가 없을 경우 다양한 최종산물로 발효된다.

(2) TCA 회로와 전자전달계

피루브산은 TCA 회로로 들어가는 관문 역할을 한다. 먼저 삼탄소화합물인 피루브산은 피루브산 탈수소효소에 의해 1분자의 $NADH_2$, CO_2 및 acetyl-CoA를 생성한다. 이탄소화합물인 acetyl-CoA는 사탄소화합물인 옥살로아세트산과의 축합을 시작으로 TCA 회로를 거쳐 3분자의 $NADH_2$, 1분자의 $FADH_2$, 1분자의 ATP를 생성한다. 또한 TCA 회로 동안 생성된 중간대사산물은 아미노산, 지방산의 생합성에 중요한 원료로 사용된다.

산소호흡의 경우 $NADH_2$와 $FADH_2$의 수소원자는 전자전달계에서 일련의 전자전달체를 통해 최종적으로 산소로 전달되어 물을 생성하고, 이 과정 동안 보유된 산화에너지가 방출된 다음 무기인산과 ADP와의 결합에너지로 전환되어 ATP를 형성한다. 세균은 전자전달계와 ATP 합성효소를 원형질막에 내장하고 있으며, 전자전달계를 구성하는 성분은 플라빈단백질, 철-황 중심, 위비퀴논, 3종류의 시토크롬 등이 있다. 수소원자와 전자를 세포질에서 주변 세포질 공간으로 전달하고 전위분포와 양성자의 농도 기울기가 ATP의 합성을 이끌어낸다. 이와 같이 전자전달계를 통해 ATP가 생성되는 반응을 산화적 인산화 반응oxidative phosphorylation이라고 하며, 한 분자의 글루코스가 해당작용, TCA 회로 및 전자전달계를 통해 생성된 ATP 수율을 요약한 내용은 그림 7-5와 같다.

(3) 발효

혐기조건에서는 피루브산이 발효과정을 통해 다양한 산과 알코올 등의 최종대사산물로 전환된다. 알코올 발효는 효모나 세균에서 5탄당이나 6탄당의 발효과정

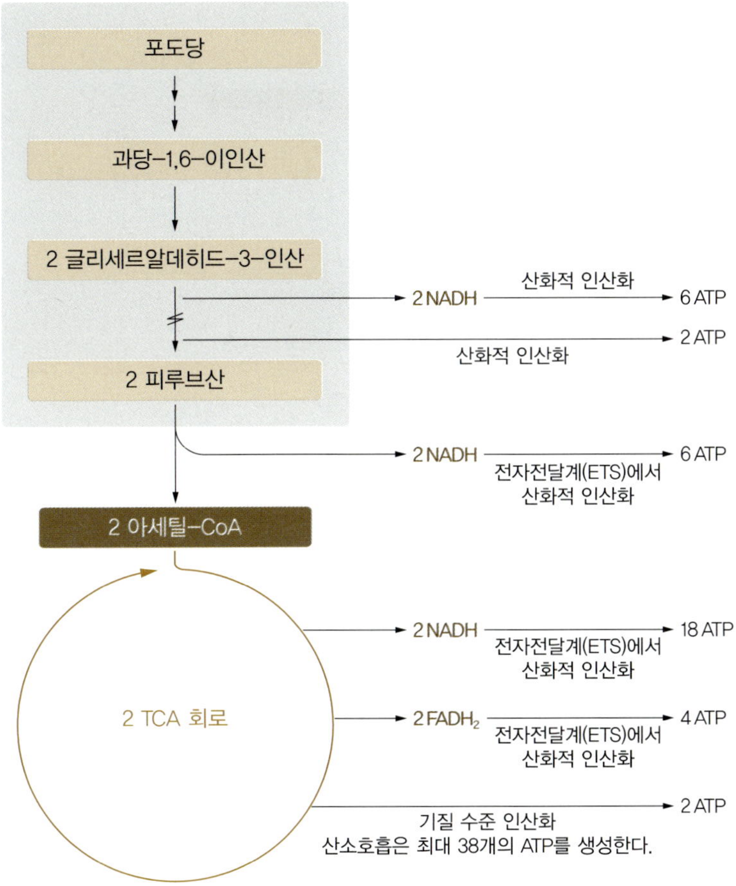

그림 7-5 한 분자의 글루코스가 해당과정, TCA 회로 및 산소호흡을 통해 생산되는 ATP 수율

중 피루브산을 에탄올로 전환하는 물질대사 경로이다. 발효과정 동안 해당작용에서 생성된 NADH를 산화하여 NAD^+를 재생함으로써 해당작용이 계속 작동하도록 한다. 이 과정은 피루브산 탈카르복시화 효소에 의해 이산화탄소 한 분자가 나오고 아세트알데히드로 전환된 다음 알코올 탈수소효소에 의해 에탄올이 생산된다.

산발효는 극히 다양하게 일어난다. 특히 *Lactobacillus*와 *Streptococcus* 같은 젖산균은 피루브산을 사용하여 주로 젖산을 생산한다. 한 종류의 산을 생산하는 발효는 동종젖산발효homolactic fermentation라고 하고, 젖산, 아세트산 및 이산화탄소 등의 다

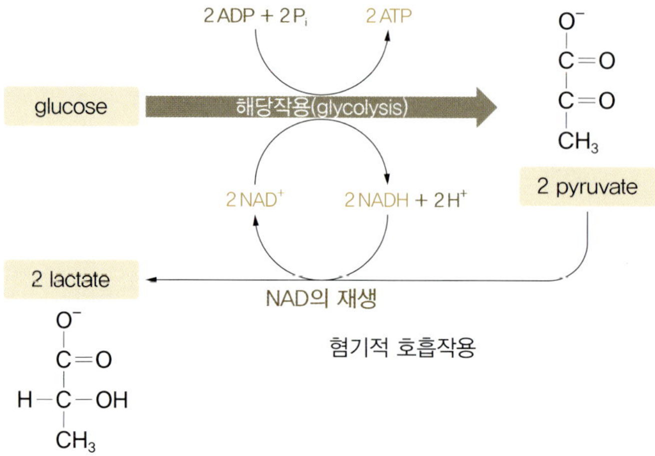

그림 7-6 호모형 젖산발효 과정

양한 혼합물로 발효될 경우를 이종젖산발효heterolactic fermentation라고 한다. 동종젖산발효 젖산균은 해당작용에 필요한 모든 효소를 지니고 있으나 이종젖산발효 젖산균은 알돌라제aldolase, 트리오스 인산 이성질화효소triose phosphate isomerase가 결여되어 있어 글루코스 분해는 hexose-monophosphate 경로를 통해 이루어진다.

08

미생물의 이용

1. 발효식품 | 2. 미생물 균체 생산

08 미생물의 이용

자연 생태계에는 다양한 크기와 특징을 가진 생명체들이 존재하고 있다. 이 중 사람의 눈에 보이지 않는 매우 작은 생명체를 미생물이라 하는데, 이들은 자연계 물질순환에서 매우 중요한 역할을 하고 있다. 식품저장 기술이 발전하기 이전에는 안전한 식품저장을 위해 식품을 햇빛에 건조하거나 소금에 절이는 형태의 염장법을 사용하였다. 인류는 식품이나 음식을 저장하는 동안 우연히 일어났을 발효현상으로 식품의 저장성과 풍미가 좋아지는 것을 발견하고 인위적으로 다양한 발효식품을 만들어 이용하였으며, 이후 미생물의 생리적 작용에 의해 제조되는 것임을 알게 되었다. 1675년 Leeuwenhoke에 의한 현미경 발명은 인류가 미생물의 존재를 확인하고 이와 관련된 연구가 발전하는 계기가 되었다. 산업화가 빠르게 진행되면서 저장자원이 고갈되고, 환경오염과 불균형적인 인구증가가 나타나면서 미생물 이용에 대해 관심이 증가하고 있다. 특히 원료 가공이나 물질생산에 촉매제로 사용되는 효소를 대량으로 저렴하게 얻을 수 있다는 점에서 미생물 효소의 상업적 대량 생산이 이루어지고 있다. 미생물의 상업적 이용을 위해서는 균주에 따른 적합한 배양장치와 회수장치가 확립되어야 하며, 사용 용도에 맞는 충분한 안전성 검토가 필요하다.

1 발효식품

발효식품은 식품 자체가 가지고 있는 미생물이나 인위적으로 식품에 첨가한 미생물들이 증식하면서 생성한 각종 효소에 의해 식품성분이 변화되어 독특한 풍미와 질감을 형성하게 된다. 발효식품에 관여하는 미생물은 여러 미생물이 복합적으로 작용하여 발효식품을 만들기 때문에 같은 발효식품이라도 주변 환경에 따라 다양한 품질의 변형이 일어난다.

1) 장류

장류는 우리나라 전통 발효식품 중 하나로 주로 음식의 조미료로 사용된다. 장류의 주재료가 되는 콩은 단백질이 풍부하여 육류 생산과 소비가 부족한 국가에서 단백질 급원으로 많이 소비된다. 우리나라에서 사용하는 장류에는 간장, 된장, 청국장, 고추장 등이 있다. 증자한 대두를 찧어 메주를 만들어 볏짚과 함께 두면 미생물에 의해 발효되고, 이를 소금물에 담가 2~3개월 동안 발효시켜 액체부분은 끓여 간장(전통간장)으로 사용하고, 고체부분은 용기에 따로 담아 더 발효시켜 된장을 만든다.

메주 발효에 관여하는 세균에는 *Bacillus subtilis*, *Bacillus pumilus* 등이 있고, 곰팡이로는 *Mucor*(털곰팡이) 속과 *Rhizopus*(거미줄곰팡이) 속, 효모에는 *Rhodotorula flava*, *Torulopsis dattila* 등이 있다. 메주의 표면은 건조하여 곰팡이가 많으나 내부에는 주로 세균들이 많이 존재한다. *Bacillus subtilis*은 메주 내부에 존재하는 대표적 세균으로 α-amylase와 protease를 분비하여 탄수화물과 단백질을 분해하므로 메주의 독특한 향과 맛을 생성시킨다.

간장은 전통적 방법으로 만드는 조선간장(전통간장)과공장에서 대량생산하는 일본식간장(왜간장)이 있다. 간장 양조에 사용되는 대표적 종국균은 *Aspergillus oryzae*, *Aspergillus sojae*로 amylase와 protease를 생성하는 중요한 역할을 한다. 간장발효 기간 중 나타나는 효모 분포를 보면 초기에는 *Candida fermata*, *Candida polymorpha*가 증식하여 pH 5 정도로 낮아지면 *Zygosaccharomyces rouxii*가 증식하여 간장덧의 주발효에 관여하며 알코올 발효가 일어나 간장의 향기성분 생성에 관여한다. 간장의 후기 발효에는 *Torulopsis versatilis*, *Torulopsis etchellisii*의 내염성 효모가 관여한다. 간장 발효에 관여하는 중요한 세균으로는 내염성 젖산균인 *Pediococcus sojae*를 들 수 있는데, 이는 간장덧의 pH를 4.5 부근으로 유지하고 간장의 풍미에 영향을 준다.

된장은 대표적인 콩 발효식품으로 amylase와 protease 생성력이 강한 *Aspergillus oryzae* 이외에 *Saccharomyces* 속, *Zygosaccharomyces* 속, *Torulopsis* 속 등의 효모가 관여하여 독특한 된장 풍미에 영향을 준다. 또한 단백질 분해력이 강한 *Bacillus subtilis*과 젖산을 생성하는 *Pediococcus halophilus* 등의 세균이 증식한다.

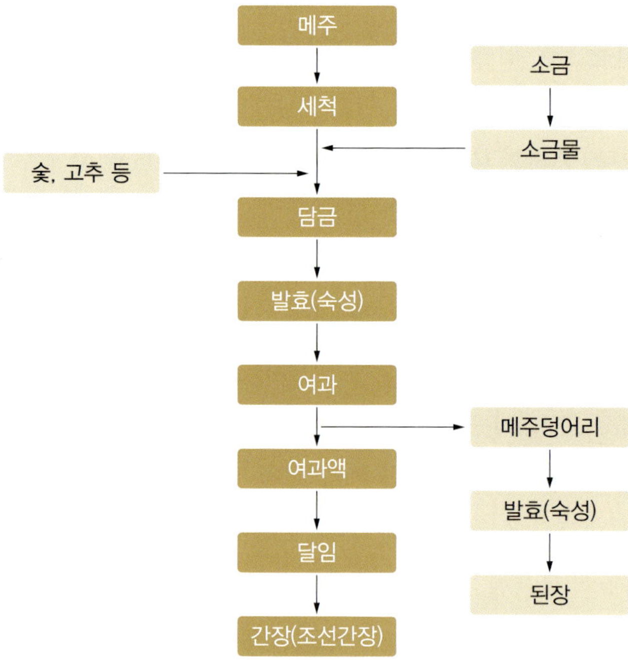

그림 8-1 간장(전통간장)과 된장의 제조 공정

전통간장 전통된장

그림 8-2 전통간장과 된장

2) 김치류

김치는 재료, 담그는 지역과 계절 등에 따라 발효과정이 달라져 다양한 맛을 나타낸다. 숙성기간 중에는 젖산발효가 주로 일어나며 숙성기간이 길어짐에 따라 산패와 연부현상이 일어나는데, 소금농도와 숙성온도, 부재료에 따라 김치의 숙성은 달라진다. 일반적인 김치의 소금농도는 3%로 소금농도가 높아지면 숙성기간이 지연되고 산패와 연부현상이 억제된다.

김치는 발효과정 중 젖산균 증식으로 나타나는 젖산 생성이 주요 특징이라 할 수 있는데, 이로 인해 김치 내 유해미생물 생성이 억제되는 효과가 있다. 김치발효에는 200주의 세균과 2주의 효모가 관여한다. 그중 혐기성 젖산균이 150주를 이룬다. 김치 발효 초기에는 이상발효젖산균인 *Leuconostoc mesenteroide*가 증식하여 김치에 신맛과 탄산맛을 부여하고 환경을 산성화하여 호기성 유해균의 번식을 억제한다. 발효 중기 이후 김치의 pH는 4.0 이하로 떨어져 *Leuconostoc mesenteroide*는 사멸되고 내산성의 *Lactobacillus plantarum*, *Lactobacillus fermentum*, *Lactobacillus brevis* 등이 증식하면서 김치는 산패되기 시작한다. 또한 발효 후기에는 산막효모가 증식하여 김치의 연부현상이 나타나기도 한다.

3) 발효유제품

우유를 발효시켜 만든 대표적 발효유제품에는 요구르트yoghurt와 치즈cheese가 있다. 요구르트는 발효에 관여한 젖산균의 정장작용으로 장 건강에 도움을 주며, 젖산균이 우유의 유당을 가수분해하기 때문에 유당불내증lactose intolerance 환자에게도 도움이 된다. *Lactobacillus bulgaricus*와 *Streptococcus lactis*는 요구르트의 starter로써 이용되며, 탈지유나 부분적 탈지유를 *Lactobacillus acidophilus*로 발효시키면 동유럽에서 많이 즐기는 acidophilus 우유가 만들어진다.

치즈는 우유 카제인을 응고시켜 발효시킨 것으로 우유의 종류, 생산지역, 기후 등에 따라 수백 가지 종류가 있다. 최근 우리나라에서도 수요가 늘고 있는 프랑스의 까망베르 치즈는 우유에 *Penicillium camemberii*, *Penicillium candida* 등을 커드에 접종 후 발효시켜 만든다. 스위스의 에멘탈 치즈는 *Propionibacterium shermanii*와 *Streptococcus* 속 등을 starter로 이용하여 제조한다.

요구르트

치즈

그림 8-3 다양한 요구르트와 치즈

4) 주류

술은 곡류나 과실류를 원료로 미생물의 작용에 의해 당화작용과 알코올 발효를 통해 생성되며, 제조방법에 따라 당화·알코올 발효과정을 거쳐 생성된 양조주, 알코올 발효 후 증류시킨 증류주, 증류주에 과일이나 향료 성분을 녹여 만든 혼성주로 분류한다.

양조주Fermented liquor는 발효주라고도 부르며 알코올 함량이 약 15% 이하로 낮다. 당을 함유한 사과, 포도 등의 과실류를 원료로 하는 경우 과당이 효모에 의해 알코올 발효가 일어나 술이 되며, 전분질을 가지고 있는 보리, 밀, 쌀 등의 곡물류를 이용하는 경우 전분질이 당화와 알코올발효를 거쳐 술이 만들어 진다. 대표적인 양조주에는 와인wine, 맥주, 청주, 탁주 등이 있다.

와인은 과실주를 총칭하지만 일반적으로 포도주를 의미하며 5~15%의 알코올을 함유하고 일체의 다른 첨가물 없이 포도만을 발효시켜 만든 술이다. 와인 발효에 관여하는 효모는 *Saccharomyces cerevisiae* var. *ellipsoideus*로 포도과피에 부착되어 있어 포도 파쇄 시 자연적으로 포도과즙에 혼합되나 와인의 품질 향상을 위해 인위적으로 첨가하기도 한다. 귀부와인noble wine은 불완전균류의 일종인 *Botrytis cinerea*를 잘 익은 포도과피에 번식시켜 수분을 증발로 당도를 높이고 향과 맛이 진하게 변형시킨 귀부포도로 만든 와인이다.

맥주는 대맥(보리), 물, 호프를 원료로 하고 효모로 발효시켜 만든 것으로 발효에 사용하는 효모의 종류에 따라 상면발효맥주와 하면발효맥주로 분류한다. 상면발효맥주는 에일맥주ale beer라고도 하는데, *Saccharomyces cerevisiae*와 같이 발효가 끝나면 위로 뜨는 상면발효효모로 제조하며 발효 온도가 18~25℃ 정도로 하면발효효모에 비해 높은 것이 특징이다. 하면발효맥주는 라거맥주lager beer라고도 부르며, *Saccharomyces carlsbergensis*와 같이 발효가 끝나면 가라앉는 하면발효효모를 사용하는데, 저온(5~10℃)에서 발효가 일어나므로 냉장기술이 발달한 후 활성화된 양조법이다.

탁주Rice wine는 일반적으로 막걸리라고 부르며 7% 내외의 알코올 함량을 갖는다. 제조방법은 찐 곡류나 생곡류에 곡자(누룩) 혹은 입국, 물을 섞은 후 일정한 온도에서 발효시킨다. 곡자(麯子)는 밀에 *Aspergillus*, *Rhizopus*, *Absidia*, *Mucor* 속 등의 곰팡이를 증식시켜 생성한 다양한 효소와 효모를 함유하고 있다. 입국(粒麴)은 증자한 곡류에 곰팡이를 접종하여 단시간에 증식시켜 만든 것으로 약주나 탁주용 입국에는 *Aspergillus kawachii*를 사용한다.

2 미생물 균체 생산

최근 전 세계는 불균형적인 인구증가로 인한 식량 부족과 에너지 위기를 극복하고자 해결책을 모색하고 있는데, 이중 식량문제 해결을 위해 산아 제한, 경지 면적당 수율 확대, 식품저장 및 가공기술 발달, 미생물 단백질의 이용 등을 고려하고 있다. 미생물은 세포분열 시간이 짧아 생산 효율이 높고, 단백질 함량이 높으며, 배양 시 기상조건에 영향을 받지 않고 좁은 면적에서도 대량생산이 가능하다는 장점을 갖고 있어 식사료용 단백질 자원으로써 연구대상이 되고 있다. 미생물의 상업적 균체 생산은 식사료용, 빵 효모 등의 용도로 이루어지고 있다.

표 9-1 중량이 배가 되는 데 걸리는 시간

생물의 종류	소요시간(mass doubling time)
세균, 효모	20~120분
곰팡이, 조류	2~6시간
닭	2~4주
돼지	4~6주
소	4~8주
사람	3~6개월

1) 식사료용 미생물 균체

1910년 이후 미생물 균체는 식사료용으로 관심받기 시작하여 효모를 대상으로 연구와 생산이 이루어졌다. 1930년대에 클로렐라가 식사료용으로 연구가 시작된 이래 오늘날에는 효모, 세균, 담자균류, 단세포 조류 등에 이르기까지 다양한 균체 생산이 기업화되고 있다.

식사료용 미생물 균체 생산은 탄화수소를 이용한 균체 생산과 아황산펄프폐액을 이용한 효모 생산 등으로 나눌 수 있다. 미생물 균체 생산을 위해 사용하는 아황산펄프폐액은 공급 면에서 한계가 있어 1950년대 이후 탄화수소(석유류)를 탄소원으로 한 미생물 균체 생산에 대한 연구가 급속도로 이루어지고 있다. 이렇게 생산된 균체는 석유를 원료로 했다고 하여 '석유단백'이라고도 불렀지만 최근에는 넓은 의미의 단세포 단백SCP, single-cell protein이라 불렀다. 단세포 단백 생산을 위해 배양액으로 사용되는 탄화수소에는 n-paraffin, 메탄올, 메탄가스, 수소가스 등이 있지만 메탄가스나 수소가스 등의 사용은 화재나 폭발의 위험이 있어 취급과 시설상의 주의가 필요하다. 단세포 단백 생산에 사용되는 균주는 주로 *Candida* 속으로, *Candida lipolytica*, *Candida tropicalis*, *Candida intermedia* 등은 n-paraffin을 사용한 생산 균주이다. 탄화수소를 이용한 단세포 단백은 사료용으로는 긍정적 견해를 가지고 있으나 인체에 대한 안전성 논란이 있어 대량생산 보급에 영향을 주고 있다.

식용으로 생산하고 있는 단세포 조류에는 *Chlorella*와 *Scenedesmus* 속이 있다. *Chlorella*는 고등식물처럼 태양에너지와 탄산가스를 이용하여 세포증식을 하는데, 다른 고등식물에 비해 생산효율이 매우 높으며 단백질과 여러 유효성분을 다량 함유하고 있어 대량생산을 위한 좋은 단세포 단백SCP이라고 할 수 있다. 대량생산에 이용되는 *Chlorella* 대표 균주는 *Chlorella pyrenoidosa*, *Chlorella ellipsoidea*이다.

표 8-2 식사료용 균류와 단세포 조류의 종류

분류	종류
효모	*Candida utilis*, *Candida tropicalis*, *Saccharomyces cerevisiae*, *Saccharomyces carlsbergenesis*, *Saccharomyces fragilis*, *Torulopsis pulcherima*
곰팡이	*Aspergillis* 속 일부, *Rhizopus* 속 일부, *Penicillium* 속 일부
세균	*Aerobacter aerogenes*, *Escherichia coli*, *Clostridium butylicum*
담자균	송이버섯(*Tricholoma matsutake*), 표고버섯(*Lentinus edodes*), 양송이버섯(*Agaricus bisporus*)
단세포 조류	*Chlorella pyrenoidosa*, *Chlorella ellipsoidea*, *Chlorella vulgaris*, *Spirulina*

2) 빵 효모

빵은 부풀린 빵과 그렇지 않은 빵으로 구분되는데 빵을 부풀릴 때는 화학적 팽창

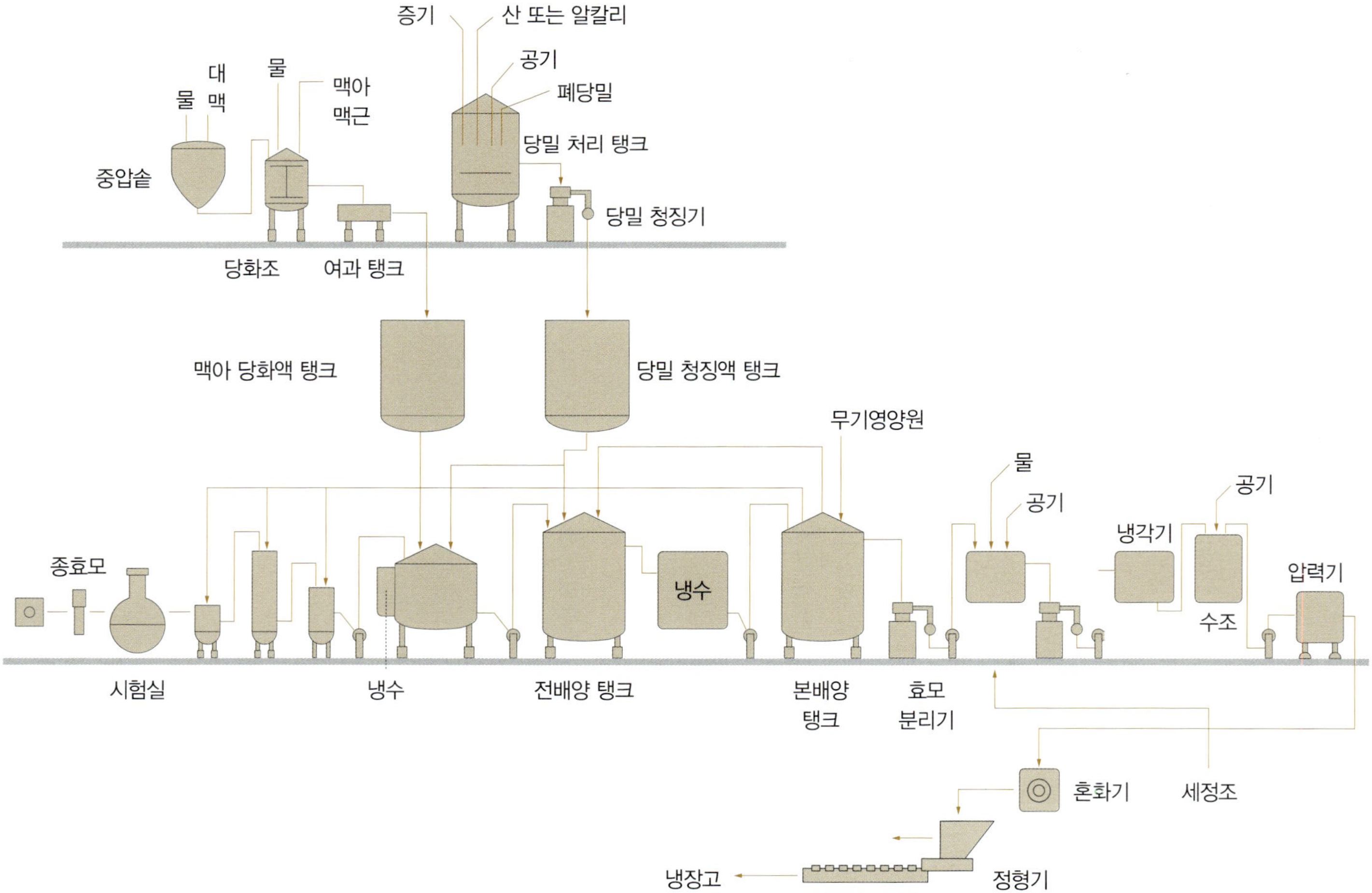

그림 8-4 빵 효모 제조 공정

제나 생물학적 팽창제를 사용한다. 화학적 팽창제는 빵의 풍미를 나쁘게 할 수도 있으나 생물학적 팽창제를 사용할 경우 빵의 풍미와 조직감을 좋게 하여 부풀린 빵 제조에 생물학적 팽창제인 효모를 많이 사용하고 있다. 빵 효모 생산을 위해 이용하는 균주는 *Saccharomyces cerevisiae*로서 맥아 당화액을 넣은 배양장치에서 증식시켜 배양한다. 효모는 배양액의 당농도가 높으면 알코올 발효를 하여 당 손실을 초래하고, 당농도가 낮으면 자기소화가 일어나 효모수율이 적어지게 된다. 배양 후 원심분리기인 효모분리기yeast separator로 균체를 분리하고, 세척 후 여과장치나 효모탈수기를 통해 수분을 제거한 후 정형(整形)하여 포장하는데 열풍건조하여 건조효모dry yeast로 만들기도 한다.

01

02

03

04

05

06

07

08

09

10

F O O D
MICROBIOLOGY

PART 2

식품미생물학 실험

09

식품미생물학 실험의 기초

1. 실험실 안전관리 | 2. 멸균 | 3. 현미경의 구조와 사용법

09 식품미생물학 실험의 기초

1 실험실 안전관리

1) 미생물 실험에서 지켜야 할 유의사항

미생물 실험·실습시간은 사람 및 동물에게 감염성 질병을 일으킬 수 있는 여러 가지 병원성 세균이나 바이러스 등을 다루기 때문에 항상 주의를 기울여야 한다. 또한 각종 미생물 실험에 이용되는 실험재료는 질병을 옮길 수 있는 원인이 되기 때문에 취급에 주의해야 한다. 따라서 미생물 실험시간에는 미리 배울 내용을 숙지한 후에 담당교수나 조교의 지시에 따라 실험을 진행해야 하며, 실험자의 안전을 최우선으로 하기 위해서는 다음의 사항을 반드시 지켜야 한다.

① 실험시간은 엄수해야 하며, 실습내용을 잘 이해하고 담당교수나 조교의 지시에 따라 실험을 정확히 실시해야 한다.

② 실험실에서는 미생물의 감염을 막기 위해 항상 실험복을 착의하고, 보호안경을 착용하도록 한다.

③ 실험대는 항상 청결해야 하며, 실험 전과 후에 적당한 소독제로 소독해야 한다.

④ 실험에 사용하는 기구 및 배지는 멸균처리한 것을 사용해야 한다.

⑤ 실험에 사용했던 기구, 배지 및 여러 가지 미생물 균주는 반드시 지정된 장소에 모아놓고, 버릴 때는 멸균처리 후에 처리해야 한다.

⑥ 실험 시 사용하는 배지에는 조이름, 날짜, 실험한 사람 및 내용물 등을 반드시 기입하여 다른 사람이 만든 것과 섞이지 않게 해야 한다.

⑦ 현미경 사용 시에는 주의를 기울여야 하며, 사용 후에는 반드시 렌즈를 깨끗이 닦아서 보관해야 한다.

⑧ 실험이 끝나면 실험기구를 깨끗이 씻어서 정리하고, 실험대 및 실험기구는 항상 청결하게 관리해야 한다. 또한 실험실의 수도, 전기 및 가스에 이상이 없는지 점검한다.

⑨ 실험 종료 후에는 실험복을 소독하고, 손이나 감염 우려가 있는 부분을 비누나 소독제로 깨끗이 씻는다.

⑩ 실습에 관한 내용 및 결과 정리사항은 실습교재에 자세히 기록해야 한다.

2) 실험실에서의 응급처치법

실험실 내에서 사고가 발생했을 때에는 당황하지 말고, 반드시 담당교수 또는 실험조교에게 연락하여 적절한 응급조치를 취하고, 안전을 확인한 후에 실험을 해야 한다.

① 미생물 배양액을 엎질렀을 때는 종이나 휴지로 덮고 소독액을 이용하여 미생물을 사멸시킨 후에 담당교수 또는 실험조교의 지시에 따른다.

② 불에 의한 화상 시 우선 아연화 연고나 탄닌산 용액을 바르고, 와세린을 발라 공기 차단 후에 의사의 지시를 따른다.

③ 에탄올 등의 인화성 약품에 의해 화재가 났을 경우 불의 근원을 제거하고, 모래나 모포로 덮어 소화하거나 소화기 등을 사용하여 불을 끄도록 한다.

④ 눈에 미생물 액이나 시약이 들어갔을 경우 즉시 손으로 물을 떠서 충분히 눈을 씻거나 고무관을 이용하여 수돗물을 충분히 흘러내려 씻은 후 의사의 지시에 따른다.

⑤ 의복에 불이 붙었을 때는 당황하여 뛰지 못하게 붙들고, 모포나 실험복으로 싸서 불을 끄든지 소화기나 샤워기를 사용한다.

3) 미생물 배지 및 실험기구

(1) 미생물 배지

배지란 오토클레이브autoclave로 특정 시간 동안 일정 압력하에서 열을 가하여 멸균시켜 모든 미생물을 없앤 후 세균, 원생동물, 조류(藻類), 균류 등의 성장에 필요한 물질들을 인위적으로 첨가시켜 만든 혼합물을 말한다. 균의 종류에 따라 필요한 영양성분이 다르므로 실험에 사용하는 균의 특성에 맞게 적절한 배지를 만들어야 한다. 현재 시판 또는 사용되는 배지는 매우 다양하며, 특히 배지에 사용되는 소재, 배지의 형태 및 배지의 사용목적 등에 따라 다양하게 분류되고 있다.

(2) 배양용기 및 마개

실험에 쓰이는 미생물을 액체 상태로 배양할 때에는 주로 시험관이나 플라스크를 사용하며, 한천에서 배양할 때에는 페트리 디시petri dish를 사용한다. 배양용 마개plug란 미생물이 성장하는 데 있어서 필요로 하는 공기는 통과시키고, 미생물을 오염시키는 공중의 미생물과 먼지 및 이물질 등은 통과시키지 않는 마개이다. 일반적으로 미생물 실험에서 마개의 재료로는 탈지하지 않은 목화솜cotton을 사용해 왔다. 목화솜은 섬유가 길고, 탄력성이 강한 것이 좋다. 그러나 최근에는 목화솜 대신에 제품화된 silicon제의 배양용 마개를 많이 사용한다.

(3) 균 접종용 각종 기구

미생물 접종 시에 사용하는 기본기구에는 백금이와 백금선 등이 있다.

① **백금선**

백금선platinum needle, transfer needle은 직경이 0.3~0.6 mm, 길이가 약 6 cm이며, 주로 고체배지에서 균을 채취할 때 사용한다.

② **백금이**

백금이platinum loop, transfer loop는 백금선의 끝을 직경 2 mm의 원형으로 구부린 것을 말한다. 액체배지나 고체배지에서 균을 채취할 때 사용한다.

③ **삼각유리봉**

평판배지에 균체를 엷게 고루 접종하고자 할 때 사용한다.

그림 9-1 백금선과 백금이, 삼각유리봉

(4) 오토클레이브(autoclave)

미생물 실험에 필요한 실험기구를 고온·고압으로 멸균시키는 기계이다. 일반적으로 두꺼운 강철이나 스테인레스강 등으로 만든다. 보통 기구를 멸균시킬 때는 120℃에서 20분간 멸균시켜 사용한다.

그림 9-2 autoclave

(5) 클린벤치(clean bench)

자외선 등을 사용하여 멸균이 된 기계로 미생물 실험 등 멸균된 공간에서 균의 접종 시 사용한다.

그림 9-3 clean bench

그림 9-4 incubator

(6) 배양기(incubator)

미생물을 배양시킬 때 사용하는 기계이다. 적정 배양온도를 맞추어 사용할 수 있어 실험에 필요한 미생물을 배양시킨다.

4) 미생물 실험기구의 세척법

미생물학 실험에서 사용하는 각종 기구들은 경질 유리제품pyrex과 합성수지 제품이 많다. 또한 소모성 기구들은 멸균조작을 거치지 않아도 되는 멸균된 일회용 제품이 시판되고 있어 편리성 및 시간절약 등을 이유로 많이 사용되고 있는 추세이다. 미생물 실험에 사용하는 대표적인 기구들은 petri dish, pipette, pipette tip 및 백금선 등이 있으며, 이들 기구들은 멸균시킨 후 건조시켜 실험에 사용한다.

일반적으로 새로 구입한 유리기구들은 1N HCl(또는 HNO_3)에 하루 정도 담가 두었다가 흐르는 수돗물에서 여러 번 세척하고, 마지막에 증류수로 세척한다. 건조기drying oven에서 잘 건조시킨 후 알루미늄 포일로 잘 싸서 120℃의 autoclave에서 20분 정도 멸균시킨 후 건조하여 사용한다.

2 멸균

미생물 실험을 수행함에 있어 멸균은 필수적이다. 실험에 사용되는 기구 및 배지는 물론 실험장소까지 멸균을 하여야 하며, 실험을 수행한 후 잔류하는 폐기물도 멸균 조작을 하여야 한다. 일반적으로 소독disinfection은 유해한 미생물만을 제거하는 조작을 말하며, 멸균sterilization은 유해성의 유무에 관계없이 모든 미생물을 사멸시키는 조작을 말한다. 멸균하는 방법은 열이나 빛 등을 이용하는 물리적 방법과 화학물질을 이용하는 화학적 방법, 여과에 의한 제균 등으로 구분할 수 있다.

1) 물리적 방법

(1) 화염멸균(flaming sterilization)

백금이, pipette, test tube 등의 내열기구를 멸균하는 데 주로 사용되며, 알코올램프나 분젠버너 등의 화염으로 직접 살균하는 방법이다. 백금이나 백금선을 멸균하는 데는 먼저 백금이 선단을 화염의 환원염 속으로 비스듬히 집어넣어 붉게 달아오를 때까지 가열한 다음 서서히 손잡이 부분까지 불꽃에 통과시킨다. 결핵균 등의 균 덩어리가 붙어 있는 것을 직접 불꽃에 대면 생균이 비산할 위험이 있으므로 미리 3% 정도의 크레졸액에 담갔다가 화염 멸균하여야 한다. 미생물을 접종하거나 이식할 때도 시험관 주위의 솜마개를 살짝 그을려 표면에 존재할 수 있는 미생물을 멸균한 뒤 솜마개를 빼고 접종이나 이식한 뒤, 다시 솜마개를 넣어 주둥이 부분이 오염되지 않도록 화염 중에 멸균한다.

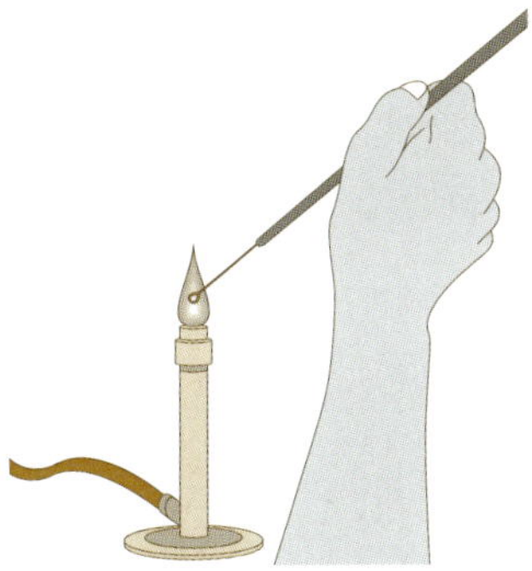

그림 9-5 화염멸균

(2) 건열멸균(dry heat sterilization)

유리기구, 도자기 및 금속기구 등의 멸균에 주로 사용되는 방법으로, 건열멸균기에 플라스크나 시험관을 솜으로 막고 피펫이나 페트리 접시는 종이로 잘 싸서 금속제의 용기에 다 넣고 160℃에서 2~4시간 가열한다. 종이나 솜이 엷은 황색으로 변하면 멸균이 거의 다 된 것이며, 고압증기멸균법autoclave보다 시간은 많이 걸리나 멸균 후 건조단계를 생략할 수 있는 장점이 있다.

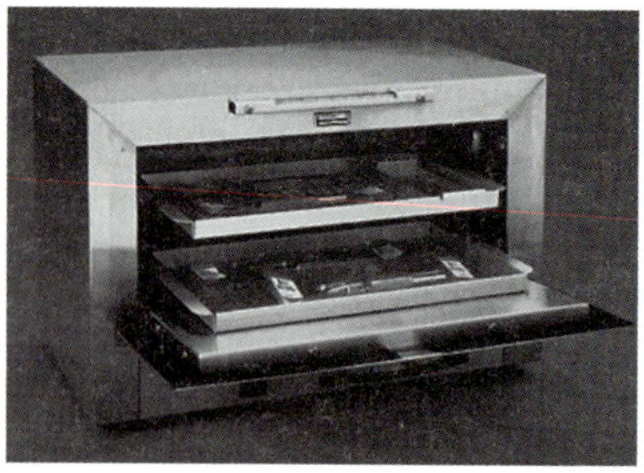

그림 9-6 건열멸균기(dry oven)

(3) 고압증기멸균(autoclave)

고압솥autoclave을 사용하여 100℃ 이상의 고압증기로 멸균하는 데 보통 포자 등도 한 번의 멸균으로 충분하다. 1.1 kg/cm^2(15 lb/in^2), 121℃에서 15~20분간 처리함으로써 멸균할 수 있다. 121℃ 상태에서 멸균을 시작하기 전에 멸균통에 있는 공기를 제거하는 것이 중요하다. 또한 멸균의 효과를 높이기 위해 멸균통에 충분한 통기 공간이 있도록 멸균재료를 알맞게 넣는 것이 좋다. 최신용 autoclave는 공기를 자동제거하는 장치가 되어 있으며, 멸균조작 자체도 자동화되어 있다. 열에 안정한 배지나 기구 등의 멸균에 많이 쓰인다.

그림 9-7 고압증기멸균기

고압증기멸균기 사용법

① 멸균할 물건을 알루미늄 포일로 감싸거나 유리병, 비커 등에 넣어 뚜껑을 덮는다.
② Autoclave용 indicator 테이프를 붙이고 필요사항을 기재한다.
③ 멸균기에 수돗물을 기준선까지 채운 다음 멸균할 물건을 넣는다.
④ 멸균기의 뚜껑을 닫고 121℃, 15~20분으로 setting하고 멸균기를 작동시킨다.
⑤ 멸균이 끝나면 멸균통에 압력이 자연적으로 상압이 될 때까지 기다리거나 내용물에 액체가 없을 경우 배기 밸브를 아주 살짝 열어 증기를 완전히 뺀 후 꺼낸다.
⑥ 살균 완료된 물건은 건조기에 넣는 등 목적에 따라 정리한다.

(4) 자비멸균(sterilization by boiling)

주사위, 칼, 가위 고무관 등의 멸균에 주로 사용한다. 열탕 또는 1~2% 탄산나트륨 용액을 Schimmerbusch 소독기에 넣어 15~30분 끓인다.

(5) 여과멸균(sterilization by filtration)

항생물질, 비타민 등 가열하면 변성될 염려가 있는 배지를 만들 때 주로 사용한다. 세균의 여과제균을 위해 주로 0.45 ㎛나 0.22 ㎛ 구경의 필터를 단용 또는 혼용하여 사용하지만, 바이러스는 제균하지 못한다. 주로 사용되는 것으로는 membrane형, Seitz형, Chamberland형 등이 있는데, membrane filter는 cellulose의 mixed ester로 만들어졌으며, pore의 크기가 균일한 것이 장점이다.

그림 9-8 여과제균기

(6) 조사법(sterilization by radiation)

① 방사선법

감마선을 조사해서 미생물을 멸균하는 방법으로, 주로 유리, 사기, 금속, 고무, 플라스틱 또는 섬유제품 등 방사선에 견딜 수 있는 것에 적용한다. 보통 ^{60}Co 또는 ^{137}Cs 등을 함유하는 방사선원이 사용되고, 멸균하고자 하는 물질의 재질, 성상 또는 오염상태 등에 따라 조사할 총선량을 조절하며, 이 방법을 적용한 후의 변화에 주의 하여야 한다.

② 자외선법

파장 254 nm 부근의 자외선을 이용하여 미생물을 멸균하는 방법으로, 주로 유리, 금속, 고무, 플라스틱 또는 섬유제품의 표면 시설이나 설비, 물 또는 의약품 등 자외선조사에 견딜 수 있는 것에 적용한다.

③ **고주파법**

보통 915 또는 2450 MHz의 고주파를 직접 물 또는 배지 등의 액상에 대해 조사하여 발생하는 열에 의하여 미생물을 멸균하는 방법으로, 처리대상은 열에 견딜 수 있는 것이어야 한다.

2) 화학적 방법

(1) 페놀 및 그 유도체

① **페놀(phenol, 석탄산)**

강한 단백질 변성작용에 의해 살균효과를 보는 것으로, 객담이나 배설물 소독에 3~4%의 수용액이 사용된다. 괴사를 일으키므로 피부나 상처의 소독에는 적절하지 않다.

② **크레졸(cresol)**

1% 용액은 피부 소독에, 2% 용액은 기구 소독에, 3% 용액은 객담 및 분변 소독에 사용된다. 물에 잘 녹지 않으므로 비누액에 녹여 크레졸 비누액으로 만들어 사용한다.

③ **헥사클로로펜(hexachlorophene)**

독성과 자극성이 적어 약용비누 등에 이용되며 피부 소독에 쓰인다.

(2) 글루콘산 클로로헥시딘(hibitane)

피부 및 기구의 소독과 요 도구의 소독, 요로 카테터 제거 시에 주로 사용되며, 방광 내 주입 소독 시에는 원액을 1,000배 희석하여 사용하여야 한다. 알칼리성이지만 산성물질로 중화시켜 염으로 만들어 사용하면 독성과 자극성을 낮출 수 있다.

(3) 중금속 화합물

① 유기수은제

머큐로크롬은 소독제로, 치메로살은 소독제나 방부제로 광범위하게 사용되나, 최근 수은에 의한 위해 문제로 사용에 제한을 받고 있다. 승홍(염화제2수은) 0.1% 수용액을 기구의 표면, 목재 등의 소독에 사용하며, 금속제품이나 고무제품에는 부식의 우려가 있으므로 사용하지 않는다. 임균에 의한 신생아 농루안을 예방할 목적으로 신생아에게 1~2방울을 점안하여 사용하였으나 최근은 수은 중독의 우려로 사용하지 않는다.

② 프로타콜(protargol)

단백질과 은의 화합물로 조직 자극이 적어 임질의 요도나 창상의 소독에 사용된다.

(4) 알코올류

에탄올 100%는 살균력이 거의 없으며, 보통 70% 에탄올이 주로 사용되나 60~95% 범위에서는 살균력에 큰 차이가 없다. 손, 피부, 기구의 장치나 표면 살균에 주로 사용된다. 이소프로필 알코올 50%는 손이나 피부, 기구의 소독에 사용된다.

(5) 할로겐 화합물

① 염소 화합물

물의 소독에 광범위하게 사용되며, 음용수, 수영장, 하수, 화장실 등의 소독 등에도 쓰인다. 사용되는 염소의 종류에는 염소가스, 클로로칼키, 차아염소산소다(NaOCl), 클로라민chloramine 등이 있다.

② 요오드 화합물

강한 살균력이 있고 피부자극이 적어 피부, 창상 등에 주로 사용되며, 포비돈 요오드polyvinyl-pyrrolidone iodine(착화합물) 등이 있다.

(6) 산화제

창상, 구강, 인후의 세척 및 소독에는 3%의 과산화수소수(H_2O_2)가 주로 사용되며, 성병 예방의 목적으로 요도의 세척에는 0.02~0.5%의 과망간산칼륨($KMnO_4$) 등이 사용된다.

(7) 산과 알칼리

① 붕산

구강이나 안결막 세척 및 소독에 1~5%의 수용액이 주로 사용된다.

② 초산

살균력이 붕산보다 강하며, 녹농균의 2%액에서 5분, 포도상구균은 3%액에서 15분이면 사멸한다.

③ 생석회

화장실, 하수 및 오물 등의 소독에 20% 현탁액을 주로 사용한다.

④ 기타

젖산은 0.03%, 구연산은 1~2%에서 살균력이 있으며, 안식향산, 살리실산, 프로피온산, 소르브산, 파라옥시안식향산 등은 식품의 보존료로 사용한다.

(8) 계면활성제

① 역성비누(invert soap)

비누와는 달리 소수성기의 말단이 4급암모늄 양성(+)으로 하전되어 있어 역성비누라고 부른다. 무색, 무취, 무자극성이고 무독하므로 피부, 식기 등의 소독에 널리 사용된다. 피부의 소독에는 0.1~0.5%, 기구의 소독에는 10% 수용액이 사용된다.

② 양성비누(amphoteric surfactant)

동일분자 중에 양이온기와 음이온기를 동시에 가진 양성화합물이다. 광범위한 미생물 살균력을 보이며 역성비누와는 달리 단백질이나 혈청이 있어도 효력이 현저히 떨어지지 않는다. 결핵균에 효과가 우수하며 객담의 소독에 쓰인다.

(9) 알킬화제

① 에틸렌 옥사이드(ethylene oxide), 프로필렌 옥사이드(propylene oxide)

1회용 주사기나 수술기구 등의 의료기구나 고무 플라스틱 제품류 등 열에 약한 대상물을 멸균하고자 할 때 사용된다. 산화 에틸렌은 가스상으로 사용하므로 포르말린에 비해 자극성이 적으나, 인화성과 폭발성이 있어 탄산 가스 80~90% 또는 프레온 가스 90%를 혼합하여 사용하여야 하며, 잔류하는 경우에는 피부나 점막에 자극 증상이 있을 수 있다. 산화 프로필렌은 살균력은 떨어지지만 잔류 독성이 거의 없다.

② 글루타드알데히드(glutaraldehyde)

주로 수술기구나 마취기구 등의 소독에 사용되며, 살균력을 높이기 위해 알칼리성에서 2% 정도의 농도로 사용한다. 피부에는 수렴성이 있으므로 직접 사용해서는 안 된다.

③ 포름알데히드(formaldehyde, 포르말린)

가스상 또는 액상 모두 강한 살균력이 있어 수술기구 등의 소독에 사용되며, 포름알데히드 가스를 발생시켜 밀폐된 실내소독에도 사용된다.

④ β-프로피오락톤(β-propiolactone)

가스 살균제로 사용되며 살균력은 포르말린의 25배, 산화에틸렌의 수천 배로 알려져 있다.

(10) 살균가스에 의한 멸균(sterilization by microbicidal gases)

화학물질의 증기나 연기를 이용하여 멸균하는 방법으로 포자까지 사멸시킬 수 있는 가스로서, 포름알데히드formaldehyde, 에틸렌 옥사이드ethyleneoxide 및 베타-프로피오락톤(β-propiolactone)이 있다. 가스를 살균제로 쓰면 강한 열과 수용액이 필요없는 등의 장점이 있는 반면, 노출된 부분과 다공성인 물질에만 적용할 수 있다는 점 및 온도와 습도를 적절한 조건으로 조절하여야 한다는 등의 단점이 있다. 1회용 페트리 디시, 피펫, 비닐장갑 등의 소모품 멸균에 유용하다. 살균 가스를 쓸 때는 일정한 장치를 쓰든지 비닐주머니 등을 이용하여야 한다.

3 현미경의 구조와 사용법

1) 현미경의 종류

현미경의 종류를 살펴보면 다음과 같다.

① 광학 현미경light microscope: 빛을 이용한 현미경으로 실험실에서 가장 일반적으로 사용한다.

② 해부현미경stereoscopic, dissecting microscope

③ 편광 현미경polarization microscope: 광학적 극성을 이용한 현미경이다.

④ 현광 현미경fluorescence microscope: 자외선의 현광현상을 이용한다.

⑤ 한외 현미경ultramicroscope: 일반 현미경보다 해상력이 높아 colloid 입자 등을 관찰할 수 있다.

⑥ 자외선 현미경ultraviolet microscope: 자외선을 이용하여 상을 관찰한다.

⑦ 위상차 현미경phase contrast microscope: 피검체의 광학적 두께의 차이에 의하여 상에 생긴 명암으로 관찰할 수 있다.

⑧ 전자 현미경electron microscope: 전자의 흐름을 이용하여 높은 해상력과 배율을 나타낸다.

우리가 가장 일반적으로 다루는 광학 현미경의 사용 및 관리법에 대해서 알아보자.

2) 광학 현미경의 구조와 사용법

(1) 구조 및 명칭

① 접안렌즈(ocular lens 또는 eyepiece)

길이가 약 3~5 cm인 원통모양으로 원통 양 끝에 한 개씩의 렌즈가 있다. 윗부분 끝의 렌즈는 눈에 접안되고 아랫부분은 집광렌즈이다. 윗부분에는 ×5, ×10, ×15, ×20 등의 배율이 새겨져 있으며, 이것을 경통에 넣어 사용한다.

② 대물렌즈(object lens)

원통모양으로 한쪽 끝을 회전판에 끼운다. 배율이 높을수록 길이가 길어지며, 상을 관찰할 때는 저배율에서 고배율의 순서로 관찰한다. 배율이 낮을수록 시야가 넓고, 배율이 높아질수록 시야는 좁아진다. 확대배율은 접안렌즈의 배율과 대물렌즈의 배율을 곱한다.

③ 조동나사(coarse focus knob)

조동나사는 현미경의 좌우에 같은 크기의 큰 나사가 쌍으로 있다. 이것을 돌리면

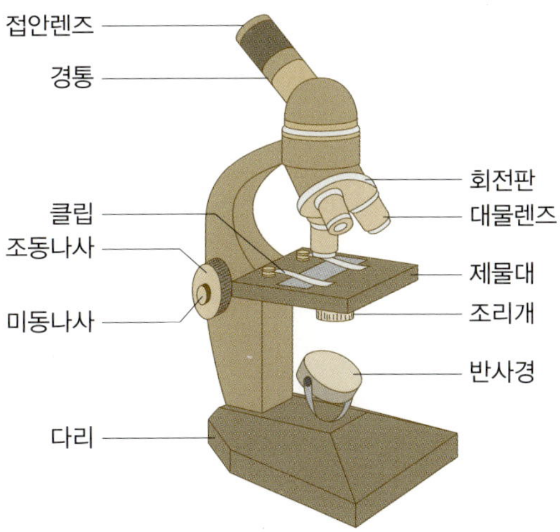

그림 9-9 현미경의 구조

경통이 위와 아래로 움직이고 대략의 상을 찾을 수 있다. 현미경에 따라서는 경통은 움직이지 않고 재물대가 위아래로 움직이기도 한다.

④ 미동나사(fine adjustment knob)

미동나사는 조동나사와 같은 축에 붙어있는데 크기가 조동나사보다 작다. 미동나사를 움직여서 조동나사로 대략 찾은 상의 초점을 맞추게 된다. 현미경에서 가장 정교한 부분은 미동나사와 렌즈이다.

⑤ 회전판(objective revolver)

경통의 아랫부분에 있는 회전할 수 있는 판이다. 3~4개의 구멍이 있고, 이 구멍에 대물렌즈를 끼운다. 대물렌즈를 바꿀 때 돌려서 회전하여 저배율의 대물렌즈에서 고배율의 대물렌즈로 바꾸면서 상을 관찰한다.

⑥ 경통(body tube)

접안렌즈와 대물렌즈의 초점거리를 맞추어 놓은 원통모양으로 길이를 길게 하면 확대율이 높아진다.

⑦ 재물대(stage)

슬라이드글라스를 올려놓는 대물렌즈 아래쪽에 있는 평평한 판으로 중앙에 큰 구멍이 있어 이 구멍으로 빛이 들어온다. 클립이 있어 슬라이드글라스를 고정시킬 수 있다.

⑧ 반사경(mirror)

외부의 빛을 모으기 위한 거울로 한쪽 면은 평면거울이고 다른 쪽 면은 오목거울이다. 저배율로 관찰할 때는 평면거울을 사용하고 고배율로 관찰할 때는 오목거울을 사용한다. 요즘에는 반사경 대신 전구를 끼워 직접 빛을 쪼여준다.

⑨ 조리개(diaphragm)

반사경에서 들어오는 빛의 양을 조절하기 위한 것이다. 조리개를 열었다 닫았다 하면서 빛의 양을 조절하여 상의 밝기를 맞춘다.

(2) 사용법

① 현미경을 수평면에 올려놓는다.

② 검체를 처리한 slide glass를 재물대에 올려놓고 클립으로 움직이지 않도록 고정시킨다.

③ 회전판을 돌려서 저배율의 대물렌즈를 맞추고 옆에서 보면서 조동나사를 돌려 slide glass와 대물렌즈의 거리를 최대한 가깝게 한다. 이때 slide glass와 대물렌즈가 닿지 않도록 주의한다.

④ 반사경과 조리개를 움직여 빛의 양을 조절한다.

⑤ 조동나사를 돌려 slide glass와 대물렌즈의 거리가 멀어지게 하면서 접안렌즈로 들여다보며 상을 찾는다.

⑥ 미동나사를 돌려 초점을 맞춘다.

⑦ 프레파라트를 움직여가면서 상을 관찰한다.

⑧ 저배율에서 고배율 순서로 반복하여 관찰한다.

상의 크기 측정법

현미경에서 물체의 길이를 측정할 경우 접안 마이크로미터와 대물렌즈 마이크로미터의 눈금을 이용한다.

접안 마이크로미터(ocular micrometer)

접안렌즈의 내부에 장치하는 원형의 유리판에 눈금을 그은 것으로 한 개의 구획이 0.1 mm(100 μm)인 것과 0.05 mm(50 μm)가 되도록 한 것이 있다.

대물 마이크로미터(object micrometer)

slide glass의 중앙에 한 개의 분획이 0.01 mm(10 μm)가 되도록 한 것이다.

계산법

접안 마이크로미터와 대물 마이크로미터의 눈금이 평평하게 중복되도록 한 후 중복된 사이의 눈금수를 세고 접안 마이크로미터의 한 눈금의 길이를 계산하고 물체의 길이를 측정한다.

$$\text{접안 마이크로미터 1눈금의 길이(μm)} = \frac{\text{대물 마이크로미터의 눈금수}}{\text{접안 마이크로미터의 눈금수}} \times 10$$

실제 물체의 길이(μm)
= 대안 마이크로미터 1눈금의 길이 물체와 일치된 대안 마이크로미터의 눈금 수

예제) 접안 마이크로미터의 10눈금과 대물 마이크로미터의 눈금 5가 일치하는 배율로 어떤 물체를 관찰했을 때, 물체의 길이가 접안 마이크로미터 4눈금이었다면 물체의 길이를 구해보자.

접안 마이크로미터 1눈금의 길이 = 5/10 × 10 = 5 μm

물체의 길이 = 5 μm × 4 = 20 μm

10

식품미생물학 **실험**

1. 배지 만들기 | 2. 곰팡이 분리와 배양 | 3. 효모검사법 | 4. 일반세균 검사 | 5. 대장균군 검사법
6. 미생물 염색법 | 7. 병원성미생물 검사법 | 8. PCR을 이용한 미생물의 확인

10 식품미생물학 실험

실험 1 배지 만들기

배지media는 미생물의 생육과 발육에 꼭 필요한 영양원으로 미생물의 종류, 생육조건 및 실험목적에 따라 달라진다. 어떤 미생물은 무기질로만 구성된 배지에서 생육할 수 있는 반면, 어떤 미생물은 아미노산 그리고 어떤 미생물은 복잡한 유기화합물이 첨가된 배지에서만 자랄 수 있다. 본 실험은 배지의 종류와 각종 배지의 제조방법 등에 관하여 알아보고, 미생물의 생육조건과 사용목적에 따라 적합한 배지를 제조하는 데 있다.

1. 실험원리

배지는 미생물을 인공적으로 배양하기 위한 적당한 영양소를 함유한 액체 또는 고체화시킨 것을 말한다. 미생물의 종류에 따라 배지의 필요한 조성과 영양성분이 다르다. 그러나 가장 중요한 것은 미생물이 발육하고 증식하는 데 필요한 기본적인 영양성분이 필요하다. 이런 기본성분을 모두 갖춘 것이 없기 때문에 일반적으로 천연유기화합물질을 혼합하여 사용하고 있다.

그리고 배지의 주요 성분과 배지성분의 영양·화학적 성상과 물리적 성상 그리고 사용하고자 하는 목적에 따라 분류할 수 있다.

1) 배지에 필요한 주요 성분의 이해

(1) 펩톤(peptone)

우유, 카제인, 수육 및 대두단백질 등을 펩신, 트립신, 파파인 등의 단백질 가수분해효소로 분해시켜 아미노산, 펩티드, 프로테아제 등의 가용성 질소화합물이 주성분을 이루고 있다.

(2) 육추출물(meat · beef extract)

쇠고기의 근육 부분에서 수용성 물질을 추출시켜 농축하여 만든 것으로 염류, 발육소, 핵산성분, 당분, 아미노산 그리고 비응고성 단백질을 제공한다. 혐기성균의 배지에는 환원물질이 많이 들어 있는 간, 뇌, 신장에서 추출한 추출물이 많이 사용된다.

(3) 맥아 추출물(malt extract)

맥아즙은 맥아를 당화시켜 여과시킨 것으로 maltose 등의 당을 많이 포함하고 있다. 이들 성분은 곰팡이와 효모의 배양에 접합하다.

(4) 효모 추출물(yeast extract)

효모에서 추출한 수용성 추출물로서 담황색 분말이다. 염류, 핵산성분, 당분, 아미노산 및 비응고성 단백질 등이 세균대사를 위해 사용된다.

(5) 누룩즙(Koji extract)

누룩즙은 맥아즙 대신 널리 사용된다. 1 kg의 누룩을 4 L의 물에 담가 55~62℃에서 요오드 반응이 사라질 때까지 당화시켜 추출한다.

(6) 감자추출물(potato extract)

감자를 열수 추출물하여 glucose를 첨가한 것으로 곰팡이 및 효모 배양에 적합하다.

(7) 한천(agar)

해초류와 조류 등에서 추출한 탄수화물의 일종이다. 녹는 온도는 100℃이고 43~45℃에서 1.5~2.0%가 응고되어 탄력성이 있는 고체가 된다. 세균의 영양원이라기보다는 배지를 고형화시키는 중요한 성분이다.

(8) 젤라틴(gelatin)

동물의 뼈, 피부, 인대 및 건 등을 끓여서 그 액체를 건조시킨 황갈색의 입자 또는 분말로 다른 말로 아교라고도 한다. 처음에는 고형 배지에 응용되었으나 용해온도가 37℃ 이하이기 때문에 근래에는 단백질 분해 시험 중의 하나인 젤라틴 분해효소 검출을 위해 사용한다.

2) 배지성분의 성상에 따른 분류

(1) 자연배지(natural medium)

단백질의 가수분해물과 동물조직의 침출물 등 화학적 성질이 분명하지 않는 물질을 혼합하여 만든 것으로 미생물의 증식과 분리 배양에 널리 사용된다.

(2) 합성배지(synthetic medium)

화학적 성질이 분명한 것을 합성하여 만든 배지로 미생물의 생화학적 성상검사, 균체 성분 및 미생물의 대사연구에 주로 사용된다.

3) 물리적 성상에 따른 분류

(1) 액체배지(liquid media)

한천agar이 들어 있지 않는 액상의 배지이며, 이들은 미생물의 증식에 이용되고 세균의 생화학적 검사, 증식, 대사산물을 검출할 목적으로 사용된다.

(2) 고체배지(solid media)

배지 내에 한천성분이 약 1.3~1.5% 함유된 배지로 고체 상태이다. 사용목적에 따라 다음과 같이 분류할 수 있다.

① 평판배지(plate media)

배양접시에 배지를 약 4mm 두께 정도 넣어 굳힌 것이 평판 배지인데 주로 호기성 미생물의 분리 배양, 집락의 관찰, 용혈능 관찰 등에 이용된다.

② 고층배지(butt media)

시험관을 세운 배지를 굳힌 것으로 주로 세균의 성상검사, 통성혐기성 세균의 보존, 세균의 운동성 검사 등에 이용된다.

③ 사면배지(slant media)

시험관에 배지가 약 45° 경사가 되도록 굳힌 것으로 호기성 미생물의 증식, 보존 등에 쓰인다.

④ 반사면배지(semi-slant media)

고층배지의 1/3 정도를 경사지게 만든 것으로 세균의 생화학적 검사 등에 쓰인다.

4) 사용목적에 따른 분류

(1) 증식용 배지(growth media)

여러 종류의 영양소를 함유한 배지로서 균종에 대한 선택성은 없다. 미생물의 증식, 순수 배양, 보존 등 특수한 목적이 아닌 일반적인 배양에 주로 사용한다.

(2) 강화 배지(enrichment media)

많은 세균이 혼합된 경우 특정한 균종만을 다른 균종보다 빨리 증식시켜 분리 배양이 쉽게 되도록 만든 배지이다. 이런 배지들은 원하는 세균의 증식을 촉진하는 물질과 원하지 않는 세균을 억제시키는 물질이 포함되어 있다.

(3) 선택 배지(selective media)

두 종 이상의 세균이 혼합되어 있는 검체에서 원하는 세균을 분리하는 데 사용하는 배지이다. 이 배지에는 색소나 중금속, 화학약품, 항균제 등 원하지 않는 균을 억제시키는 억제제가 들어 있다.

(4) 감별 배지 또는 성상확인 배지

보통 순수 배양된 세균의 특정한 효소반응을 정성적으로 확인하고 균종의 감별과 동정을 목표로 하는 배지이다. 감별 배지는 반응물질과의 반응을 판정하기 위해 지시약이 함유되는 경우가 있다.

(5) 수송용 배지 또는 보존 배지

분리배양하기까지 재료를 수송할 때 재료 중의 세균이 너무 증식하거나 사멸하지 않도록 제조된 배지이다.

(6) 영양배지(enrichment media)

많은 종류의 영양성분이 함유되어 있어 대부분의 세균이 잘 증식되는 배지이다. 흔히 일반균 영양배지와 특수균 영양배지로 분리된다.

(7) 분리배지(differencial media)

여러 균이 혼재된 세균으로부터 어떤 목표로 한 균만 순수 배양(pure culture)하려는 고체배지로서 특정 균의 효소반응을 이용하거나 증식억제물질을 첨가하여 사용한다.

2. 실험 시약 및 기구

① 시약

Beef extract, peptone, NaCl, agar, yeast extract, tryptone

② 기구

고압멸균기(autoclave), 미량저울, pH 측정기(또는 pH시험지), 무균대(clean bench), 가열판, 자력 교반기, 자력 막대, 분주기, 플라스크, 페트리 디시, 캡 튜브 시험관, 솜마개, 알코올램프, 방열장갑, 증류수

3. 실험방법

① 배지 각 성분의 무게를 단다. → ② 배지성분을 혼합한다. → ③ 혼합된 배지를 가열 용해한다. → ④ 배지를 멸균한다. → ⑤ 배지를 냉각한다. → ⑥ 화염멸균한다. → ⑦ 페트리 디시에 분주한다. → ⑧ 배지를 굳힌다.

성분 무게 달기

혼합하여 녹이기

배지 가열 용해

오토클레이브에 멸균하기
(고압증기멸균)

식히기
(클린벤치 안)

화염멸균

분주하기

평판배지 굳히기

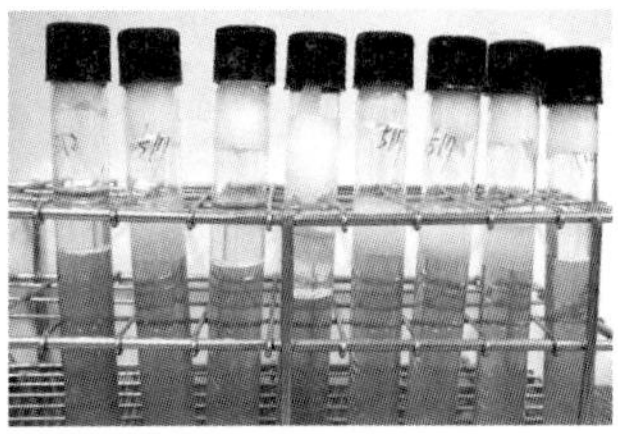

액체배지

1) NA(nutrient agar)배지 만들기

① 2 L용 플라스크에 증류수 500 mL를 넣는다.

② Beef extract 3 g, peptone 5 g, NaCl 8 g을 차례로 넣고 완전히 녹인다.

※ 주의: 한 가지 성분을 완전히 녹인 후에 다음 성분을 첨가하며, 자력 교반기를 사용하여 녹이면 편리

③ 총 용량이 1000 mL가 되도록 증류수를 첨가한다.

④ pH 측정기(pH 시험지)로 pH 7.0이 되도록 1N NaOH로 조절한다.

⑤ 500 mL용 플라스크 3개에 NA배지를 각각 250 mL씩 나누어 담는다.

- 플라스크 I: 액체배지용
- 플라스크 II: 사면배지용
- 플라스크 III: 평판배지용

2) NA 액체배지(liquid media) 만들기

① 플라스크 I의 NA배지를 시험관에 나누어 넣는다. 이때 분주기를 사용하면 편리하다.

② 16.5 mL 시험관에는 7 mL 정도, 1 8mL 시험관에는 10 mL 정도 넣는 것이 적당하다.

③ 액체배지를 분주한 캡 튜브 시험관에 뚜껑을 씌운다.

④ 분주된 시험관을 121℃에서 15분간 고압증기멸균한다. 단, 고온·고압에 의해서 파괴되는 물질들은 여과법에 의해서 멸균한다.

⑤ 멸균이 끝난 액체배지는 식혀서 4℃에서 보관한다.

3) 사면배지(slant media) 만들기

① 플라스크 II의 NA배지에 한천(agar)을 1.5~2.0%가 되도록 넣은 후, 고온에서 한천을 완전히 녹인다.

② 캡 튜브에 젤 상태의 배지를 시험관에 분주하는데, 이때 한천이 굳지 않도록 신

속히 하되 시험관 입구에 배지가 묻지 않도록 조심해야 한다.

③ 분주된 시험관을 121℃에서 15분간 고압증기멸균한다.

④ 시험관을 적당한 각도(35~45°)로 기울여서 굳힌다.

⑤ 사면배지가 굳어지면 4℃에서 보관한다.

4) 평판 배지(plate media) 만들기

① 플라스크 III의 NA배지에 한천을 1.5~2.0% 정도 넣은 다음, 고온에서 한천을 완전히 녹인다.

② 젤 상태의 배지가 들어 있는 플라스크를 121℃에서 15분간 고압증기멸균한다.

③ 플라스크를 65℃ 정도로 식힌 다음에 플라스크 입구를 분젠버너로 화염멸균한다.

④ 클린벤치 안에서 멸균된 페트리 디시에 젤 상태의 배지를 20~25 mL 정도씩 부어 담는다.

⑤ 배지가 담긴 페트리 디시를 평평한 곳으로 옮겨 굳힌다.

⑥ 배지에 기포가 형성된 경우에 버너의 불꽃을 근접시켜서 기포를 제거한다.

⑦ 평판배지가 굳어지면 4℃에서 보관한다.

4. 결과 및 고찰

영양(NA)배지
(nutrient agar)

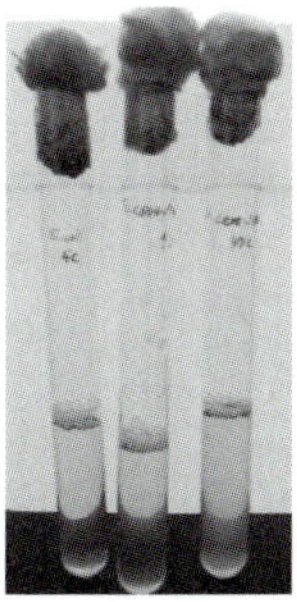

NA 액체배지
(liquid media)

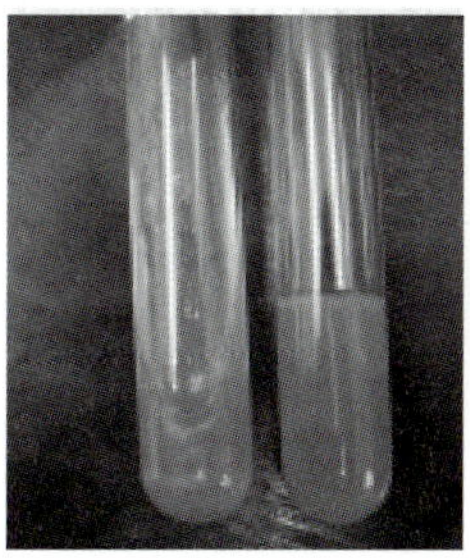

사면배지
(slant media)

평판배지
(plata media)

※ 주의사항 1

실험실에는 다양한 미생물이 시약, 물, 공기, 초자류 등에 존재하며, 이것들이 배지에 오염되어 자라게 된다면 실험하고자 하는 미생물에 대한 정확한 결과를 얻을 수 없다. 따라서 배지는 미생물을 접종하기에 앞서 배양기 내의 모든 미생물을 사멸시키거나 제거해야 한다. 모든 조작은 알코올램프로 소독을 하면서 클린벤치 내에서 조작한다.

※ 주의사항 2

① 실험실에서는 반드시 실험복을 착용하고 뜨거운 것을 만질 때에는 장갑을 낀다.
② 멸균 시 매우 뜨거우므로 화상에 주의해야 한다.
③ 사용되는 기구 및 culture tube 등은 사전에 오염균이 제거되도록 멸균하여 식혀 둔다.
④ 실험기구 및 재료는 함부로 입에 대지 않는다.
⑤ 사용하고 남은 배지, 시약 및 기타 실험용품은 일정한 장소에 보관한다.
⑥ 알코올램프, 버너 등의 사용 후 반드시 소름화 확인한다.
⑦ 항상 주의를 정돈한다.

<table>
<tr><td>실험날짜</td><td></td><td>학번</td><td></td><td>이름</td><td></td></tr>
<tr><td>실험제목</td><td colspan="5"></td></tr>
<tr><td>실험원리</td><td colspan="5"></td></tr>
<tr><td>실험재료</td><td colspan="5"></td></tr>
<tr><td>실험방법</td><td colspan="5"></td></tr>
<tr><td>실험결과
및
고찰</td><td colspan="5"></td></tr>
</table>

실험 2 곰팡이의 분리와 배양(곰팡이검사법)

토양, 물, 공기 등의 자연환경에 널리 분포하는 곰팡이는 균사상의 진핵세포 생물로 구조가 세균에 비해 복잡한 것이 특징이다. 곰팡이는 균사체의 색, 균사의 격막 유무, 포자형성 유무, 포자의 형태 등에 따라 다양하게 분류되기 때문에 형태학적으로 분류하기 위해서는 많은 지식과 경험이 필요하다. 곰팡이는 세균이나 효모에 비해 세포벽이 발달하여 비교적 낮은 수분활성도에서도 생육이 가능하여 건조식품의 변질에 관여하기도 하며, 메주와 같이 건조를 통한 발효식품 제조에 관여하기도 한다.

1. 다양한 곰팡이 균주 배양

1) 실험원리

맥아배지malt extract agar를 사용하여 발효식품 제조에 관여하는 대표적 곰팡이를 배양하고 현미경을 통해 형태와 특징을 관찰한다.

2) 실험재료 및 기구

- 균주: *Aspergillus*, *Penicillium*, *Rhizopus*
- Malt extract agar, 삼각플라스크, 멸균 페트리 디시, 백금이, 멸균 피펫, 시험관, 시험관 캡, autoclave, 균질기stomacher, 항온기incubator, 현미경

3) 실험방법

(1) 배지 제조

① 멸균한 malt extract agar 배지를 무균적으로 페트리 디시에 25 mL씩 분주한다.

② 실온에서 냉각시켜 평판배지를 만든다.

③ 각각의 곰팡이 균주를 백금이로 취하여 평판도말한다.

④ 27℃ 항온기에서 24~48시간 배양한다.

⑤ 배양된 각각의 집락을 취하여 현미경에서 저배율에서 고배율로 관찰한다.

① 배지의 제조

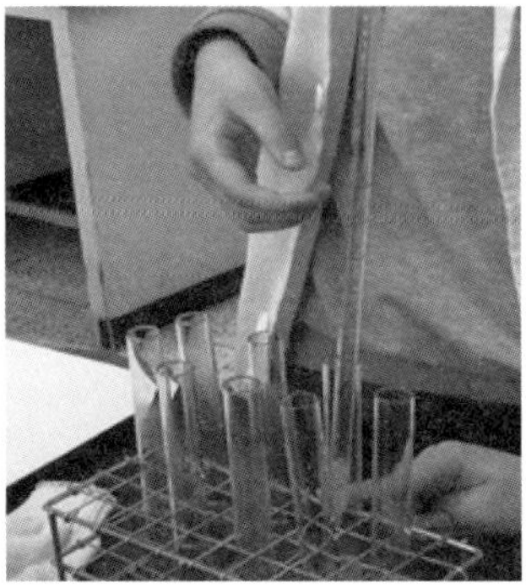

② 배지의 분주

③ 고압증기멸균

④ 평판배지의 제조

⑤ 페트리 디시를 뒤집어 배양

⑥ incubator 배양

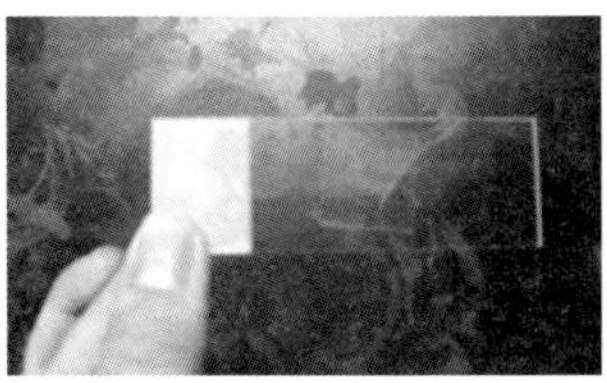

⑦ slide glass에 집락을 취함

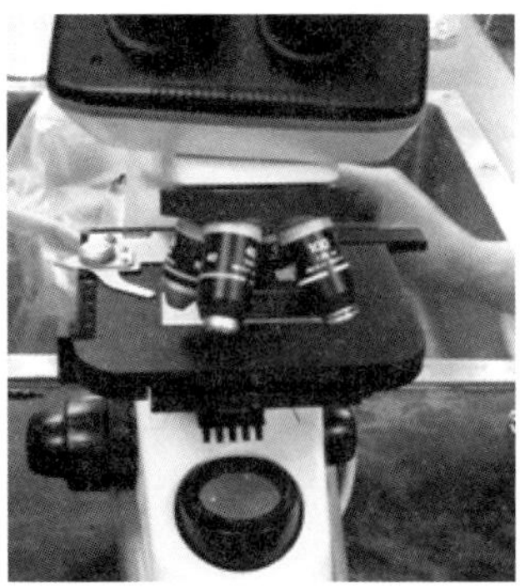

⑧ 현미경 관찰

4) 실험결과 및 고찰

① 배양된 곰팡이의 균사를 검경하여 스케치한다.

② 각각 균주의 포자 형태를 살펴보고 스케치한다.

③ 각각의 균주의 특성을 살펴보고 차이점을 기록한다.

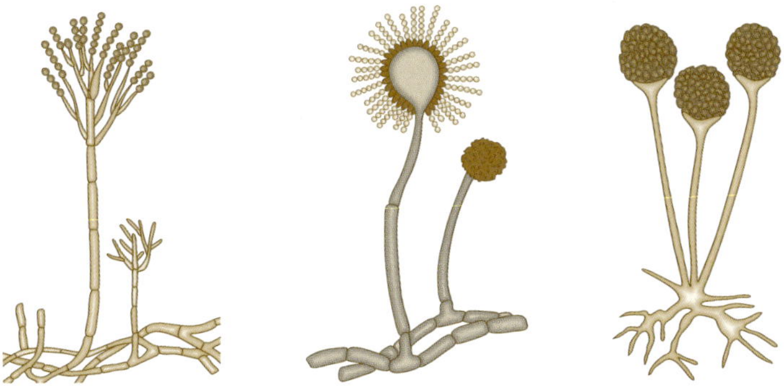

그림 10-2-1 다양한 곰팡이의 모식도

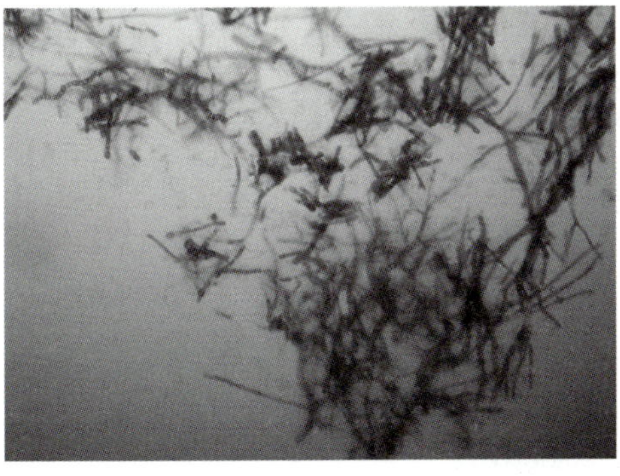

그림 10-2-2 현미경으로 곰팡이 관찰(×100)

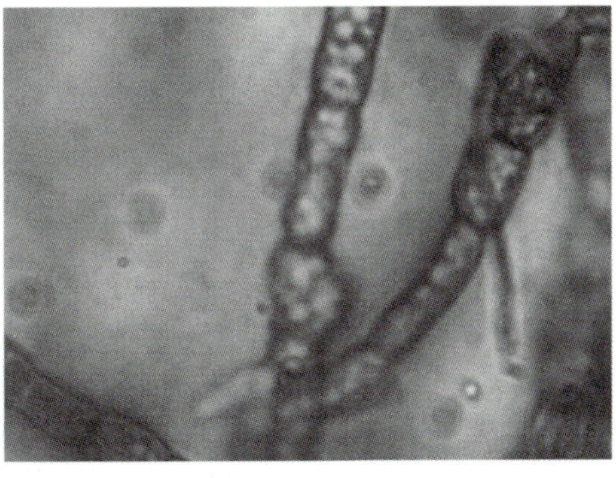

그림 10-2-3 곰팡이 균사의 격막(×400)

2. 메주의 곰팡이수 측정

1) 실험원리

전통적 장류 제조에 사용되는 메주의 곰팡이수 측정을 위해 사용배지의 pH를 낮추어 주면 세균이나 효모의 생육을 억제하여 곰팡이를 쉽게 분리·배양할 수 있다.

2) 실험재료 및 기구

- 메주, potato dextrose agar(PDA), 0.1% 펩톤 용액, 10% 주석산 용액
- 삼각플라스크, 멸균 페트리 디시, 멸균 피펫, 시험관, 시험관 캡, autoclave, 균질기, 항온기

3) 실험방법

(1) 배지 제조

① 시험관에 0.1% 펩톤 용액을 9 mL씩 분주한 후 캡을 씌워 autoclave에 멸균한다.

② PDA 배지를 삼각플라스크에 100 mL씩 각각 넣어 2개 제조한 후 autoclave에 멸균한다.

(2) 메주 희석 및 곰팡이수 측정

① 메주의 표면과 속을 골고루 떼어 멸균 0.1% 펩톤 용액 9 mL에 메주 1 g을 넣고 균질기로 혼합한다.

② 균질화 된 ①의 용액을 멸균 0.1% 펩톤 용액 9 mL에 10^5이 되도록 연속 희석한다.

③ 멸균된 PDA배지가 식기 전에 배지 100 mL당 10% 주석산 용액 1.8 mL을 가한다.

④ 멸균 페트리 디시에 메주 희석액 1 mL를 넣고 ③의 배지를 분주한다.

⑤ 배지가 굳으면 한 번 더 PDA 배지를 부은 후 25℃ 항온기에서 72~96시간 배양한다.

⑥ 배양된 집락수를 측정하고, 그 집락수에 희석배수를 곱하여 곰팡이 수를 계산한다.

4) 실험결과 및 고찰

① 측정된 곰팡이수를 기록한다.

② 현미경을 이용하여 배양된 곰팡이의 형태를 관찰 해 보고 종류를 알아본다.

③ 메주에 나타나는 주요 미생물의 특징을 조사해 본다.

<table>
<tr><td>실험날짜</td><td></td><td>학번</td><td></td><td>이름</td><td></td></tr>
<tr><td>실험제목</td><td colspan="5"></td></tr>
<tr><td>실험원리</td><td colspan="5"></td></tr>
<tr><td>실험재료</td><td colspan="5"></td></tr>
<tr><td>실험방법</td><td colspan="5"></td></tr>
<tr><td>실험결과
및
고찰</td><td colspan="5"></td></tr>
</table>

실험 3 효모검사법

1. 효모

효모yeast란 진핵세포로 된 고등미생물로서 주로 출아budding에 의하여 증식하는 진균류를 총칭한다. 효모는 진균류 중 일반적으로 단세포를 이루고 있으나 성장환경에 따라 곰팡이의 균사체와 유사한 위균사pseudomycellium을 이루기도 한다. 효모의 성장은 일반적으로 출아법으로 개체를 증식asexual reproduction시키거나 환경 혹은 종의 특성에 따라 포자낭ascus을 만들어 포자를 통한 증식sexual reproduction시키기도 한다.

일반적으로 효모는 구형, 난형, 타원형, 레몬형, 소시지형, 삼각형, 위균사형 등의 형태를 가지고 있으며, 크기는 일반 박테리아보다 훨씬 큰 1~5 μm 정도이다.

효모는 식품미생물 중 매우 중요한 미생물이다. 예로부터 식품에 사용된 효모는 알코올 발효능이 강한 균종이 많아 주류의 양조, 알코올 제조, 제빵 등에 이용하였으며, 식·사료용 단백질, 비타민, 핵산 관련 물질 등의 생산에 큰 역할을 하고 있다.

식품의 주요 발효균주 이외 효모는 다양한 곳에서 발견, 사용되고 있다. 외래유전자를 가지는 재조합 효모recombinant yeast를 이용한 다양한 식용 혹은 의료용 단백질의 생산에 사용된다. 또한 대사공학metabolic engineering을 통하여 새롭게 개발된 효모는 농식품 폐기물로부터 바이오에너지 및 각종 유기화합물을 생산하는 데 사용되고 있다. 특히 당질원료 이외의 탄화수소를 탄소원으로 하여 생육하는 효모가 발견되어 단세포 단백질 생산이 주목받아 실용화하고 있다. 그러나 식품미생물로 우리의 생활에 친근한 효모는 양조식품에 유해한 효모나 병원성을 나타내는 효모도 있어 주의하여야 한다.

유포자 효모인 *Schizosaccharomyces* sp.는 알코올을 발효시키는 데 이용된다. *Saccharomyces* sp. 중 *S. cerevisiae*는 식품의 발효에 가장 널리 쓰이고 있는 효모로 빵과 알코올의 상면발효에 이용된다. 이러한 *S. cerevisiae*와 유사한 *S. sake*는 청주, *S. ellipsoideus*는 포도주, *S. carlsbergensis*는 맥주를 발효시키는 데 사용되고 있다. *S. rouxii*는 내염성 효모로서 간장을 발효시킨다.

Pichia sp.는 알코올 발효 방해균이다. 식물체를 구성하는 탄수화물의 분해능이 뛰어나고 세포벽을 이루고 있는 오탄당을 이용한 발효능이 뛰어나 산업용 효모로 이용된다.

Debaryomyces sp.는 내염성이 있어 채소절임이나 절임고기를 만드는 데 이용되며, 내당성으로 벌꿀에서도 자란다. *D. hansenii*는 치즈와 소시지 제조에서 발견되고 있다.

Hansenula sp.는 액체의 표면에 피막을 형성하는 산막효모이다. 알코올로부터 ester를 생성하여 청주 후발효 시의 방향을 생성하는 효모이다.

Candida sp.는 오탄당의 발효능이 뛰어나고 내염성이 강하여 우리나라의 전통식품인 된장, 간장 등에서 발견되고 있다. 그러나 *Candida albicans*는 병원성 미생물로 칸디다증candidosis를 일으키는 원인균으로 알려져 있다.

2. 재조합 효모의 선별배양

1) 실험원리

효모는 세균과 달리 항생제antibiotics를 이용한 재조합 균주의 선별을 할 수 없다. 효모에 반응하는 항생제가 알려져 있지 않고 또한 그 항생제를 분해할 수 있는 특이적 효소도 잘 알려져 있지 않다. 따라서 플라스미드를 가지고 있는 재조합 효모의 선별은 영양요구성을 이용한다. 효모는 아미노산을 자체적으로 생산할 수 있는 대사과정metabolic pathway을 가지고 있다. 따라서 특정 아미노산이 배지에서 공급되지 않아도 효모의 성장에는 문제되지 않는다. 그러나 특정 아미노산의 생합성에 관여하는 하나의 효소에 돌연변이를 일으키면 효모는 특정 아미노산을 합성하지 못하고 반드시 배지를 통하여 공급되어야만 한다. 이러한 인위적으로 유도된 영양요구성을 가지는 효모를 재조합 효모의 모균주host로 사용한다. 재조합 효모는 외래단백질의 발현을 위한 플라스미드에 돌연변이 되어 역가enzyme activity를 상실한 단백질 생합성 효소의 유전자를 가지고 있다. 이러한 특정 유전자의 돌연변이와 상보적 관계knock out-complimentation를 이용하여 재조합 효모만을 선별하여 성장시킨다.

효모의 배양조건은 각 효모종의 특성에 따라 약간의 차이를 보인다. 그러나 일반적으로 성장온도는 30~37℃, pH는 중성 pH(pH 6.5)에서 최적의 성장을 보여준다.

2) 실험재료 및 기구

- 고체배지를 이용한 미생물 생육에 필요한 재료
- 배지

(1) YNB media

이러한 재조합 효모의 선별 배지는 배지의 모든 영양성분을 알고 적정량을 공급하는 defined media이다. 대표적인 배지로는 YNByeast nitrogen base배지가 있다. YNB배지는 아미노산을 제외한 yeast 배양에 필요한 필수 비타민과 무기염들이 포함되어 있다.

YNB medium(without amino acid) composition

Approximate Formula* Per Liter

inositol ···································· 2.0 mg

niacin ······································· 0.4 mg

thiamide hydrochloride ··············· 0.4 mg

copper sulfate ···························· 0.04 mg

monopotassium phosphate·············· 1.0 g

boric acid ·································· 0.5 mg

pyridoxine hydrochloride ············ 0.4 mg

calcium pantothenate ················· 0.4 mg

p-aminobenzoic acid ·················· 0.2 mg

magnesium sulfate ······················· 0.5 g

manganese sulfate ····················· 0.4 mg

zinc sulfate································· 0.4 mg

ferric chloride ··························· 0.2 mg

riboflavin ································ 0.2 mg

calcium chloride ························· 0.1 g

potassium iodide ······················· 0.1 mg

sodium molibdate······················· 0.2 mg

biotin ································· 0.002 mg

folic acid······························· 0.002 mg

sodium chloride ························· 0.1 g

(2) YNB media의 변형 배지

YNB배지에 다양한 질소원을 첨가하여 재조합 효모의 선별 및 영양요구성 모균주host cell의 보전을 돕는 배지이다.

① YNB with ammonium sulfate

질소원으로 아미노산이 첨가되지 않고 ammonium sulfate가 첨가되어 있다. 영양요구성을 가지는 재조합 효모의 모균주는 성장을 할 수 없다.

② YNB with amino acid(with ammonium sulfate)

질소원으로 ammonium sulfate가 첨가되어 있다. 거기에 더하여 가장 많이 개발된 영양요구성 균주의 필수아미노산인 lysine, tryptophan, histidine이 첨가되어 있다. 영양요구성을 가지는 재조합 효모의 모균주의 보존 및 유지를 위하여 사용된다. 플라스미드를 가지는 재조합 균주의 선별형은 가지지 않는다.

③ SD media 혹은 YNB-CSM media

SDsynthetic defined media 혹은 YNB-CSMcomplete sypplement mixture배지라 부른다. YNB배지에 질소원으로 필요한 아미노산들이 모두 공급된다. YNB with amino acid and ammonium sulfate배지와 같이 영양요구성을 가지는 재조합 효모의 모균주의 보존 및 유지를 위하여 사용된다. 플라스미드를 가지는 재조합 균주의 선별형은 가지지 않는다.

④ dropout media

YNB-CSM 배지에서 재조합 효모의 모균주가 가지는 영양요구성에 해당되는 아미노산만 빠진 배지이다. 효모의 성장에 필요한 질소원은 아미노산으로 공급되나 모균주의 영양요구성에 해당하는 아미노산만 빠져 있어 플라스미드를 가지고 있는 재조합 효모를 선별할 수 있다.

3) 실험방법

① 재조합 균주의 모균주의 영양요구성에 맞는 적절한 배지를 선택한다.
② 배지가루를 1 L에 맞게 계산한 뒤, 증류수distilled water를 넣고 잘 섞어준다.
③ 가루를 완전히 녹인다.
④ 121℃에 15분간 고압멸균 한다.
⑤ 페트리 디시에 2/3 높이 정도 배지를 붓고 굳힌다.
⑥ 완전히 굳으면 뚜껑을 닫고 뒤집어 보관한다.
⑦ 미생물을 접종하고 알맞은 조건에 배양한다.

4) 실험결과 및 고찰

재조합 효모와 영양요구성을 가지는 재조합 효모 모균주의 배양에는 실험목적에 맞은 적절한 배지를 선택하여 사용하는 것이 중요하다. 영양요구성이 있는 모균주에 영양요구성 아미노산이 없는 배지를 사용하면 콜로니의 관찰이 이루어지지 않고, 재조합 효모의 선택적 배양을 위한 실험 중 선별을 위해 필요한 아미노산이 들어있는 배지를 사용하는 경우 플라스미드를 가진 효모와 가지지 않은 효모를 구별할 수 없게 된다. 따라서 적절한 배지의 선택과 더불어 실험목적에 맞는 대조구negative control를 설정하여 실험을 수행한다.

2. 일반적 효모배양

1) 실험원리

YPD는 *Saccharomyces cerevisiae*와 다른 효모를 배양하는 데 사용된다. Yeast는 dextrose와 염만 포함된 minimal medium에서도 잘 자라나 단백질과 yeast cell extract는 유도기와 대수기에서 더 빠르게 자랄 수 있도록 한다. YPD는 탄소원으로 포도당, 질소원으로 peptone, 비타민과 무기질의 급원으로서 yeast extract을 가지고 있다.

2) 실험재료 및 기구

- 고체배지를 이용한 미생물 생육에 필요한 재료
- 배지: YPD media

YPD(Yeast Extract-Peptone-Dextrose) medium composition

Approximate Formula* Per Liter

yeast extract ································· 10.0 g

peptone ·· 20.0 g

dextrose ······································· 20.0 g

agar ·· 15.0 g

3) 실험방법

① 배지가루를 1 L에 맞게 계산한 뒤, distilled water를 넣고 잘 섞어준다.

② 가루를 완전히 녹인다.

③ 121℃에 15분간 고압멸균한다.

④ 페트리 디시에 2/3 높이 정도 배지를 붓고 굳힌다.

⑤ 완전히 굳으면 뚜껑을 닫고 뒤집어 보관한다.

⑥ 미생물을 접종하고 알맞은 조건에 배양한다.

4) 실험결과 및 고찰

건강한 효모를 이용한 실험에서 효모의 콜로니는 24시간 안에 관찰이 가능하다. 액상 배양을 한 경우 24시간 혼탁도의 증가로 효모의 성장이 관찰 가능하고 알코올 향 등 효모 발효 특유의 향기를 관찰 가능하다.

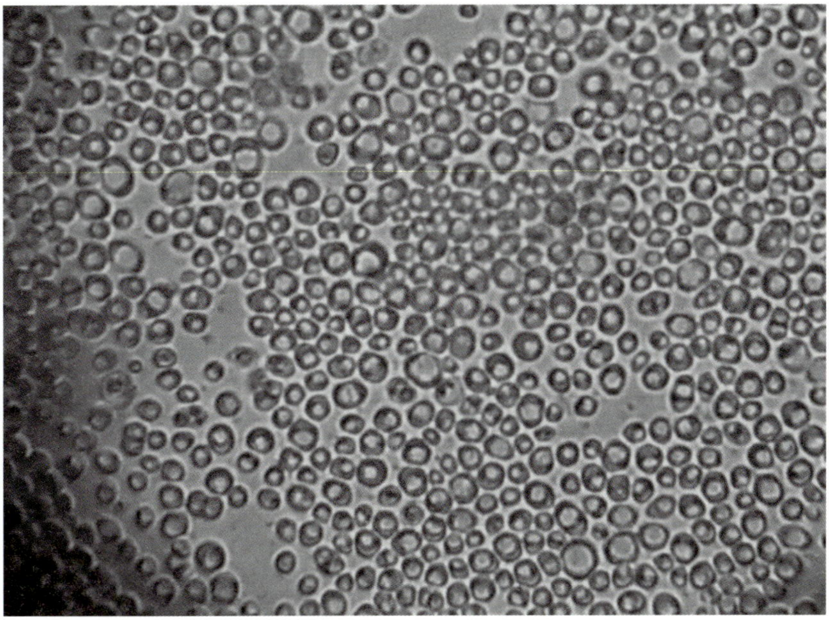

그림 10-3 *Saccharomyces cerevisiae*(×400)

실험날짜		학번		이름	
실험제목					
실험원리					
실험재료					
실험방법					
실험결과 및 고찰					

실험 4 일반세균 검사

1. 세포 배양

세포의 배양방법은 배지의 상태에 따라 고체배양과 액체배양으로 나눌 수 있다. 일반세포 배양은 세포의 개체수 증가, 한 종류 미생물의 선별 및 순수 배양, 보유중인 균주의 관리 등 다양한 목적으로 수행된다. 그중 식품미생물 실험에서 대표적인 것이 시료에 있는 총균수의 측정이다. 시료에 있는 균체의 농도를 알기 위하여 세균 전체를 모두 배양한 후 균체수를 정량하는 방법이다. 이러한 경우 대부분의 세균이 잘 자랄 수 있는 영양배지rich media를 사용하고, 배양조건도 일반적인 식품미생물의 최적 환경인 30~37℃, pH 6.5에서 균체를 배양한다.

일반세균 검사 결과의 해석에서 주의할 점은 다양한 미생물은 최적의 생존 환경이 서로 다르고 또한 성장속도가 서로 다르다는 점이다. 식품 혹은 시료에 있는 미생물은 균일한 한 가지로 이루어져 있는 경우보다는 다양한 종류의 미생물이 공존하는 경우가 많다. 이러한 다양한 미생물이 존재하는 경우 각각의 미생물은 최적의 성장을 보이는 조건이 서로 다르고 환경인자에 대한 내성이 서로 다르다. 유산균과 같은 경우는 산소가 없는 환경에서 더 잘 자라 대장균과 같은 호기성균에 비하여 호기성 배양에서 더 많은 스트레스를 받으며 자라게 된다. 그러나 유산균을 장시간 배양한 경우 유산균들이 생산한 젖산으로 배지의 pH는 낮아지고 산에 대한 내성이 강한 대장균이 전체 미생물군집의 대표 미생물로 나타난다. 대장균은 유산균에 비하여 산에 대한 내성이 약하여 개체수 감소를 가져온다.

또한 서로 다를 균주는 서로 다른 성장속도를 보인다. 낮은 성장속도를 보이는 균주는 다른 균주에 미하여 평판배양 시 늦게 콜로니를 이루어 미생물 균체수 계산에서 제외된다. 즉 콜로니를 세는 시간대의 변화에 따라 총균수의 변화를 보이며, 실험에서 얻어진 총균수는 단지 특정시간대에서 대표균주의 균체수를 반영한 결과로 보아야 한다.

2. 고체배지 만들기(agar plate/agar slant)

1) 실험원리

페트리 디시에 배지를 agar와 같이 굳혀서 고체 상태를 유지하게 만들고 고체화된 배지 위 혹은 배지와 같이 섞은 후 굳혀 배지 안쪽에 미생물을 접종 배양한다.

2) 실험재료 및 기구

- agar를 이용하여 고체 상태로 만든다.
- 미생물이 agar를 분해하지 못하기 때문에 고체상태를 유지한다.
- 일반세균 배양에 사용되는 대표 배지는 PCA(plate count agar)와 LB medium가 있다.
- 고체배지의 조성 및 만드는 방법은 다음과 같다(1 L 기준).

PCA(Plate Count Agar) medium composition

Approximate Formula* Per Liter

pancreatic digest of casein ·············· 5.0 g

yeast extract ································ 2.5 g

dextrose ····································· 1.0 g

agar ·· 15.0 g

LB(Luria-Bertani) medium composition

Approximate Formula* Per Liter

tryptone ····································· 10.0 g

yeast extract ································ 5.0 g

sodium chloride ························· 10.0 g

agar ·· 15.0 g

3) 실험방법

① 배지가루를 1 L에 맞게 계산한 뒤, distilled water를 넣고 잘 섞어준다.

② 가루를 완전히 녹인다.

③ 121℃에 15분간 고압멸균한다.

④ 페트리 디시에 2/3 높이 정도 배지를 붓고 굳힌다.

⑤ 완전히 굳으면 뚜껑을 닫고 뒤집어 보관한다.

⑥ 미생물을 접종하고 알맞은 조건에 배양한다.

4) 실험결과 및 고찰

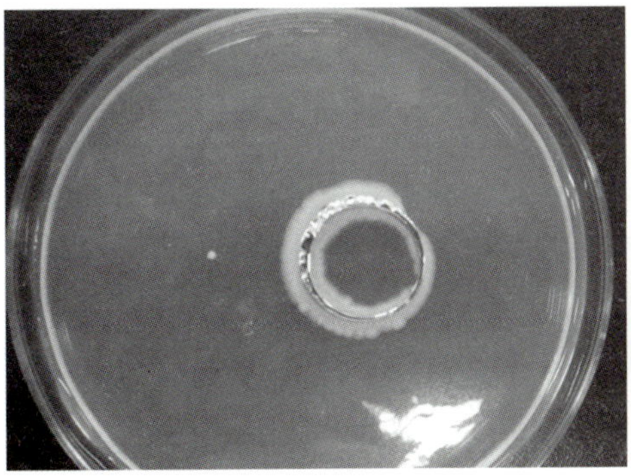

그림 10-4-1 반지의 세균

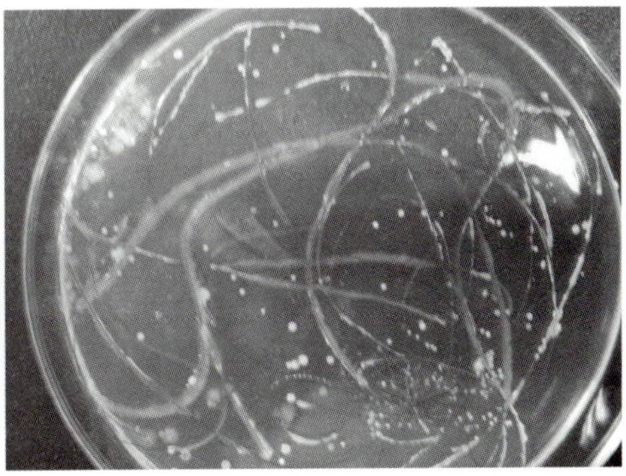

그림 10-4-2 머리카락의 세균

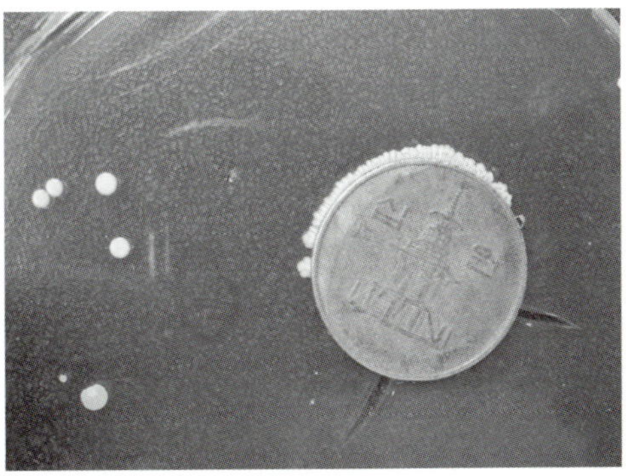

그림 10-4-3 동전의 세균

3. 미생물의 순수 배양

1) 실험원리

미생물의 순수 배양은 여러 종류의 미생물이 섞여 있는 경우 한 종류의 미생물만을 분리하여 배양하는 것을 의미한다. 섞여 있는 세균을 각각 하나의 개체로 분리하기 위하여는 미생물이 각각의 분리된 콜로니를 이루게 만들어 배양하여야 한다. 분리된 하나의 콜로니는 단 한 개의 미생물에서 만들어진 것이기 때문이다. 이러한 순수 배양은 먼저 고체 평판배양에서 하나의 콜로니를 얻고 액체배지에 접종하여 개체수를 늘리는 방법으로 진행된다. 이러한 실험에서 가장 중요한 것은 하나의 콜로니를 얻기 위한 미생물의 고체배지에 접종하는 방법이다. 접종방법으로는 spreading과 streaking, pour plate법이 있으나 주로 spreading과 streaking이 사용된다.

2) 실험재료 및 기구

- 일반세균 배양에 사용되는 대표 배지인 PCA(plate count agar)와 LB medium를 준비한다.
- 위의 실험에서 준비한 고체배지를 사용하여 실험한다.

3) 실험방법

(1) spreading

유리 혹은 금속으로 만들어진 삼각형의 밀대spreader를 이용하여 적정량의 미생물을 고체평판배지에 골고루 퍼지게 접종하는 방법이다.

① Clean bench에 알코올램프를 켜고, 70% 알코올로 주변을 닦는다.
② 미리 배양한 균주를 적절한 희석배수로 희석한다.
③ Spreader를 알코올로 화염 멸균한 뒤 식힌다.
④ 각각의 고체 배지 위에 100 μL를 분주하고 spreader로 펴바른다.

⑤ 고체배지를 뒤집어 알맞은 조건에서 배양한다.

(2) streaking

플래티넘으로 만들어진 루프로 콜로니 혹은 액체배양된 균주를 고체평판배지에 접종하여 독립된 콜로니를 얻는 방법이다. Streaking법으로 접종할 때는 spreading과 달리 희석이 필요하지 않다. 주의할 점은 플래티넘 루프의 적절한 살균이다. 한번 고체배지를 긁어서 접종한 후 반드시 루프를 화염살균한다. 그후 고체배지에 접종한 부분에서부터 긁어서 다시 다른 방향으로 긁어 접종을 한다. 이렇게 살균과 streaking을 반복하는 동안 희석의 효과가 나타나기 때문에 중간에 화염살균을 실시하지 않는 경우 독립된 콜로니를 얻지 못한다. 그림 10-44에서와 같은 방법으로 접종을 하며 1과 2번, 2번과 3번, 3번과 4번 사이에 반드시 화염살균을 실시한다.

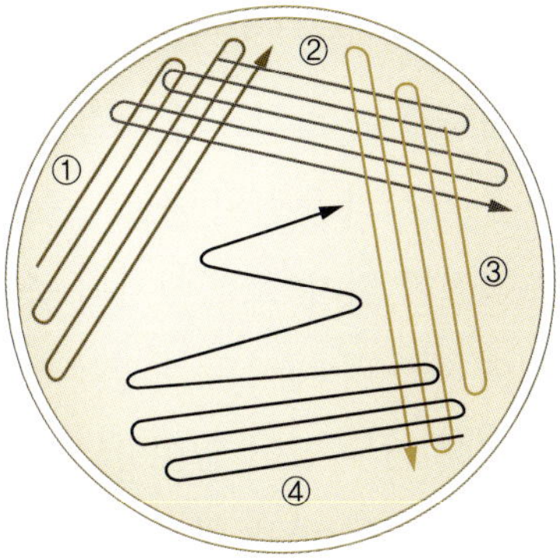

그림 10-4-4 Streaking

독립된 콜로니는 4번 접종라인에서 관찰되며 적어도 5~10개 이상의 독립된 콜로니를 관찰하여야 옳게 접종이 됐다고 할 수 있다.

① Clean bench에 알코올램프를 켜고, 70% 알코올로 주변을 닦는다.
② Loop를 화염멸균한 뒤 식힌다.
③ 균주를 loop로 떼어내어 고체배지에 다섯 번 정도 그어서 streaking한다.
④ Loop를 다시 화염 멸균하고 streaking한 부분과 겹치게 두세 번 정도 그은 뒤 겹치지 않게 빈 곳에 긋는다.
⑤ ④를 3번 반복한다.
⑥ Loop를 화염멸균하고 주변을 정리한다.
⑦ 고체배지를 뒤집어 알맞은 조건에서 배양한다.

4) 실험결과 및 고찰

(1) spreading

Spreading을 이용한 접종에서 고려할 중요한 사항은 다음의 두 가지이다.

① 배양한 균주 시료의 적절한 희석: 높은 농도의 배양액을 희석 없이 접종하는 경우 각각의 독립된 콜로니를 얻지 못한다.

② 적절한 밀기: 고체배지의 중앙에 배양된 균주를 떨어뜨리고 spreader를 이용하여 페트리 디시의 바깥쪽 방향으로 고루 밀면서 문지르는 느낌으로 퍼트린다. 이때 너무 힘이 없이 문지르면 미생물이 고루 퍼지지 못하고 가운데에 모이게 되고 너무 힘을 강하게 밀면 대부분의 균주가 밀려서 페트리 디시의 가장자리에 몰려 역시 독립된 콜로니를 얻지 못한다.

(2) Streaking

Streaking을 이용하여 균주를 접종할 때는 오염과 loop의 적절한 살균에 특히 주의 하여야 한다.

① 오염: 만일 접종하는 과정 중 원하지 않는 세균에 오염에 주의한다. 원래 시료에 있지 않고 외부에서 들어와 접종과정 중 오염된 콜로니는 플래티넘 루프로 긁은 접종선에서 떨어져 있어 쉽게 알아볼 수 있다.

4. 액체배양(test tube/flask/fermenter)

1) 실험원리

액체배양은 순수 배양을 위해 얻어진 콜로니의 개체수 증가, 혹은 MPN(most probable number)법을 이용한 총균수의 정량 등을 위하여 수행한다.

2) 실험재료 및 기구

액체배지는 고체배지와 조성은 같으나 agar를 제외한다.

3) 실험방법

① 배지가루를 1 L에 맞게 계산한 뒤, distilled water를 넣고 잘 섞어준다.

② 가루를 완전히 녹인다.

③ 121℃에 15분간 고압멸균한다.

④ 고압멸균하여 배지를 식힌 후 미생물을 접종하고 알맞은 조건에 배양한다.

⑤ 배지 종류에 따라 멸균하는 온도와 방법이 다를 수 있으므로 확인 후 멸균해야 한다.

<table>
<tr><td>실험날짜</td><td></td><td>학번</td><td></td><td>이름</td><td></td></tr>
<tr><td>실험제목</td><td colspan="5"></td></tr>
<tr><td>실험원리</td><td colspan="5"></td></tr>
<tr><td>실험재료</td><td colspan="5"></td></tr>
<tr><td>실험방법</td><td colspan="5"></td></tr>
<tr><td>실험결과
및
고찰</td><td colspan="5"></td></tr>
</table>

실험 5 대장균군 검사법

대장균군coliform group은 그람gram음성의 무포자 간균으로 유당을 분해하여 산과 가스를 생성하는 호기성 또는 통성혐기성 세균을 말한다. 세균 분류학상 *Escherichia* 속, *Enterobacter* 속, *Klebsiella* 속, *Citrobacter* 속 등이 여기에 속한다.

식품위생 검사에서 대장균군을 분변오염의 지표세균으로 이용하고 있다. 일반적으로 어떤 식품에서 대장균군이 검출되었다는 것은 그 식품이 사람이나 동물의 분변에 오염되었을 가능성을 나타낸다. 대장균군이 검출된 식품은 제조나 보관상태가 불결했다고 볼 수 있으며, 장내에서 번식하는 다른 병원균이 존재할 가능성이 높다.

대장균군 검사에는 대장균군의 존재 여부를 검사하는 정성시험과 수를 산출하는 정량시험이 있다. 정량시험은 정확한 대장균군 수의 파악보다는 확률적으로 균의 수치를 조합하여 산출한 최확수(MPN)를 구하는 것이다.

IMVIC 시험은 인돌생성시험indole production test, 메틸레드시험methyl red test, Voges-Proskauer 시험 및 구연산citric acid이용시험을 말하며, 대장균군을 분류하는 데 이용된다.

1. 정성시험: 유당배지법

1) 실험원리

대장균군의 정성시험은 대장균군의 존재 여부를 검사하는 것으로 추정시험, 확정시험, 완전시험의 3단계로 나누어 실험한다. 대장균군의 존재를 증명하기 위하여 유당배지에서 가스의 발생 여부를 확인하며, 선택배지에서 분리된 전형적인 대장균군의 집락이 gram음성, 무아포성의 간균임을 확인한다.

2) 실험재료 및 기구

- 시험관
- Duraham관
- 피펫
- gram염색약
- 포자염색약
- Methyl red 지시약
- 유당발효관(유당배지 9 mL, 9.9 mL를 duraham관이 들어 있는 시험관에 각각 분주)
- 2배 농도 유당발효관(2배 농도 유당배지 10 mL를 duraham관이 들어 있는 시험관에 분주)

유당배지(Lactose broth)

lactose ······························ 5 g
peptone ······························ 5 g
beef extract ························· 3 g

위의 성분을 증류수 1,000 mL에 녹여 pH 6.9±0.2로 조정한 후 duraham관을 넣은 시험관에 분주하여 121℃에서 15분간 멸균한다.

2배 농도 유당배지(DSLB, double strength lactose broth)

LB 배지 성분의 2배량을 증류수 1,000 mL에 녹여 pH 6.9±0.2로 조정한 후 duraham관을 넣은 시험관에 10 mL씩 분주하여 121℃에서 15분간 멸균한다.

BGLB 배지(Brilliant green lactose bile broth)

Lactose ······························ 10 g
Peptone ······························ 10 g
Oxgall ······························· 20 g
Brilliant green ······················ 0.0133 g

위의 성분을 증류수 1,000 mL에 녹여 pH 7.2±0.1로 조정한 후 duraham관을 넣은 시험관에 10 mL씩 분주하여 121℃에서 15분간 멸균한다.

EMB 한천배지(Erosin methylene blue agar)

peptone ·· 10 g

Lactose ·· 5 g

Sucrose ·· 5 g

Dipotassium phosphate ······················ 2 g

Erosiny ······································ 0.4 g

Methylene blue ···························· 0.065 g

Agar ··· 13.5 g

위의 성분을 증류수 1,000 mL에 녹여 pH 6.8±0.2로 조정하고 가온 용해한 후 121℃에서 15분간 멸균한다.

Endo 한천배지(Endo agar)

Peptone ·· 10 g

Lactose ·· 10 g

Dipotassium phosphate ···················· 3.5 g

Sodium sulfite ······························ 2.5 g

Basic fuchsin ································ 0.5 g

Agar ·· 15 g

위의 성분을 증류수 1,000 mL에 녹여 pH 7.4±0.2로 조정한 후 121℃에서 15분간 멸균한다.

Nutrient agar

Peptone ·· 5 g

Beef extract ·································· 3 g

Agar ·· 15 g

위의 성분을 증류수 1,000 mL에 녹여 pH 6.8±0.2로 조정한 후 121℃에서 15분간 멸균한다.

3) 실험방법

(1) 추정시험(presumptive test)

① 3개 이상의 2배 농도 유당발효관(2배 농도 유당배지 10 mL)에 시료를 10 mL씩 접종한다.

② 3개 이상의 유당발효관(유당배지 9 mL)에 시료를 1 mL씩 접종한다.

③ 3개 이상의 유당발효관(유당배지 9.9 mL)에 시료를 0.1 mL씩 접종한다.

④ 35~37℃에서 24시간 배양한 후 가스가 발생한 것이 있으면 추정시험 양성으로 판정한다.

⑤ 24시간 이내에 가스가 발생하지 않았을 경우 계속해서 48시간까지 추가 배양을 한다.

- 48시간 배양 후에도 가스가 발생하지 않으면 추정시험 음성으로 판정한다.
- 48시간 내에 가스 발생이 검출되면 추정시험 양성으로 판정하고 확정시험에 들어간다.

(2) 확정시험(confirmed test)

① 추정시험에서 가스가 발생한 유당발효관의 발효액으로부터 1백금이를 BGLB 발효관에 접종하여 35~37℃에서 24~48시간 배양한 후 가스발생 여부를 확인한다.

② 가스가 발생한 BGLB 발효관의 배양액을 백금이로 따서 EMB 평판배지 또는 Endo 평판배지에 도말하여 35~37℃에서 48시간동안 배양한다.

③ 배양이 끝난 후 대장균군의 전형적인 집락 형성 여부를 관찰한다.

EMB 배지에서 대장균군의 집락 관찰

- *E. coli* : 녹색 빛깔 금속성 광택의 집락 형성
- *Enterobacter aerogenes*: 갈색(또는 암자적색)의 집락 형성

④ EMB 배지 또는 Endo 배지에서 전형적인 대장균군의 집락이 형성되면 양성으로 판정한다.

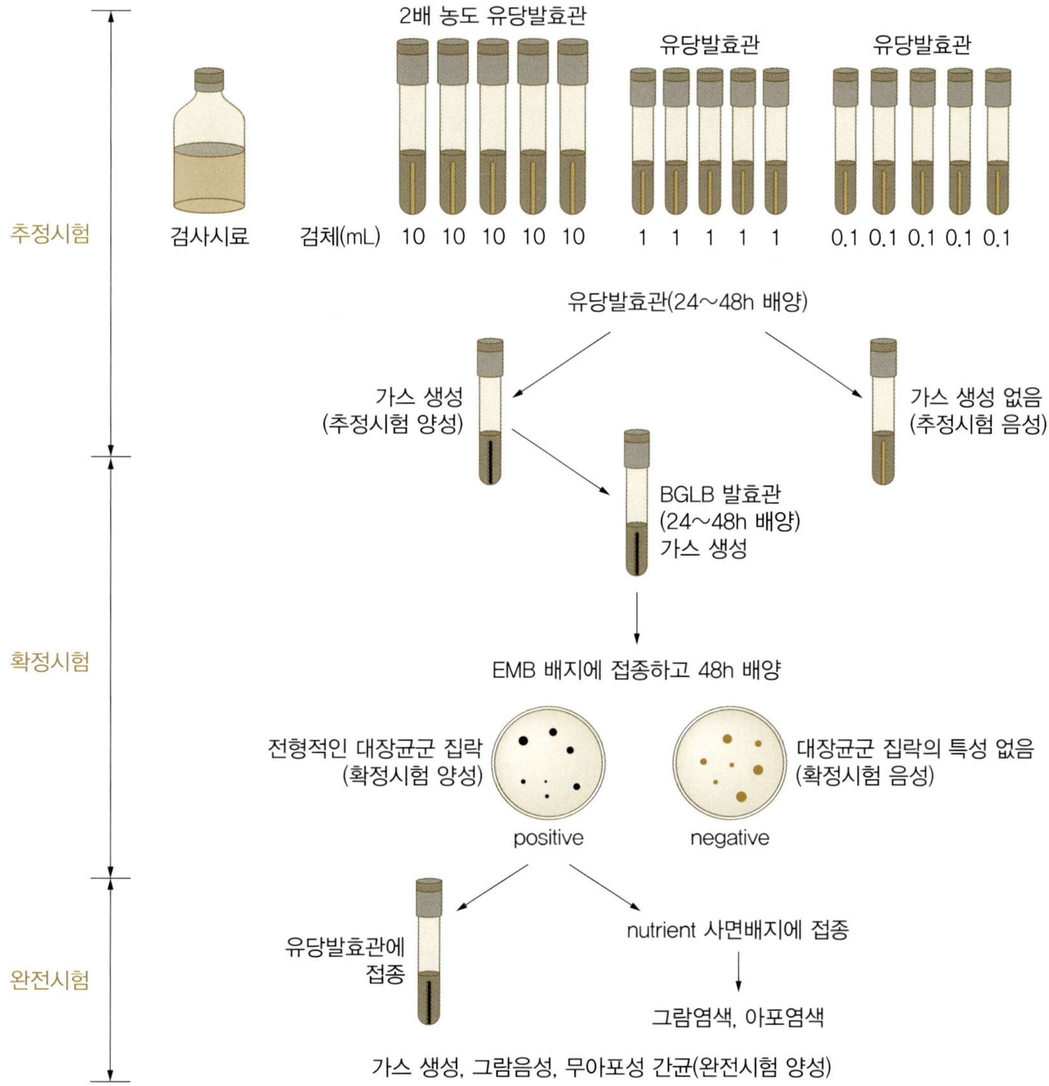

그림 10-5-1 대장균군 검사 단계

(3) 완전시험(completed test)

① EMB 또는 Endo 배지에서 발육한 전형적인 집락의 경우에는 1개의 콜로니를, 비전형적인 집락의 경우에는 2개 이상의 콜로니를 각각 유당발효관과 nutrient 사면배지에 접종한다.

② 35~37℃에서 48시간 배양한 후 유당발효관에서 가스 발생여부를 다시 확인한다.

③ 가스가 발생한 유당발효관에 해당되는 nutrient 사면배지의 집락에 대해서 gram 염색과 아포(내생포자) 염색을 실시한다.

- gram음성, 무아포성 간균이 확인되면 완전시험은 양성이며 대장균군 양성으로 판정한다.

4) 실험결과 및 고찰

① 유당발효관에서 가스가 발생하면 추정시험 양성이고, 발생하지 않았으면 추정시험 음성으로 판정한다.

② EMB 배지 또는 Endo 배지에서 전형적인 대장균군의 집락이 형성되면 양성으로 판정한다.

③ 유당발효관에서 가스가 발생하고, gram음성, 무아포성 간균이 확인되면 완전시험 양성으로 판정한다.

④ 대장균군이 유당배지에서 성장하는 동안 산과 가스를 생성하는 원리를 조사해보자.

⑤ EMB 배지상에서 전형적인 대장균군의 집락이 어떠한 형태로 관찰이 되는가?

⑥ 유당배지 이외에 BGLB(brilliant green lactose bile) 배지가 대장균군의 정성시험에 이용된다. 유당배지법과 BGLB 배지법의 차이점에 대하여 조사해보자.

2. 대장균군의 최확수 산출법

1) 실험원리

최확수MPN, most probable number 산출법은 정확한 대장균군수의 파악보다는 대장균군의 정량시험에서 얻은 양성 시험관수로부터 확률적으로 대장균 수치를 조합하여 산출한 최확수MPN를 구하는 것이다. 시험용액을 10, 1, 0.1 mL와 같이 연속해서 3단계 이상을 각각 5개씩 또는 3개씩 발효관에 가하여 배양 후 얻은 결과에 의하여 검체 100 mL 또는 100 g 중에 존재하는 대장균군수를 표시한다. 최확수는 이론상 가장 가능한 수치이다.

2) 실험재료 및 기구

유당배지법과 동일하다.

3) 실험방법

(1) 접종

① 5개(또는 3개)의 2배 농도 유당발효관에 시료를 10 mL씩 접종한다.

② 각각 5개(또는 3개)의 유당발효관에 시료를 1, 0.1, 0.01 0.001, 0.0001 mL와 같이 연속해서 접종한다.

- 접종액이 0.01 mL 이하인 경우 양이 적어 정확성에 문제가 되므로 적절히 희석한 다음 희석액을 1 mL씩 접종한다.

(2) 추정·확정·완전시험

유당배지법의 추정·확정·완전시험과 동일한 방법에 의해 시험하며, 가스발생에서 양성을 보인 발효관의 수를 확정하고 최확수 표(표 10-1, 10-2)에서 정량적 이론치를 산출한다.

4) 실험결과 및 고찰

① 가스발생 양성 발효관의 수를 확인한다.

② 3단계 희석 5개 발효관의 실험결과 다음과 같은 가스발생 양성 발효관의 수를 얻은 경우 다음의 표에서 100 mL당 균의 최확수를 구한다. 검체가 액체이면 100 mL, 고체이면 100 g당 최확수로 각각 산출한다.

검체 접종량	10 mL	1 mL	0.1 mL	MPN
가스발생 양성관수(개)	5	3	1	109

이 결과 검체의 100 mL 당 10^9의 대장균군수로 계산한다.

③ 3단계 희석 3개 발효관의 실험결과 다음과 같은 가스발생 양성발효관의 수를 얻은 경우 다음 표에서 100 mL당 균의 최확수를 구한다.

검체 접종량	1 mL	0.1 mL	0.01 mL	MPN
가스발생 양성관수(개)	2	2	0	21×10 = 210

이 결과 검체의 100 mL 당 210의 대장균군수로 계산한다.

④ 검체 접종량이 1, 0.1, 0.01 mL일 경우에는 표에서 얻은 값에 희석배수 10을 곱하면 MPN이 된다.

⑤ 검체 접종량이 0.01, 0.001, 0.0001 mL일 경우에는 표에서 얻은 값에 희석배수 1000을 곱하면 MPN이 된다.

표 10-1 3단계 희석(10, 1, 0.1 mL) 5개 발효관의 양성에 대한 최확수(MPN)와 95%의 신뢰한계

양성관수 A 10 mL씩 5개	MPN 10 mL	MPN의 신뢰한계 하한	MPN의 신뢰한계 상한
0	<2.2	0	6.0
1	2.2	0.1	12.6
2	5.1	0.5	19.2
3	9.2	1.6	29.4
4	16	3.3	52.9
5	>16	8.0	∞

B 10 mL씩 5개	B 1 mL씩 5개	B 0.1 mL씩 5개	MPN 100 mL	MPN의 신뢰한계 하한	MPN의 신뢰한계 상한
0	0	2	1	<0.5	7
0	1	0	2	<0.5	11
0	1	0	2	<0.5	7
0	1	1	4	<0.5	11
0	1	2	6	<0.5	15
0	2	0	4	<0.5	11
0	2	1	6	<0.5	15
0	3	0	6	<0.5	15
1	0	0	2	<0.5	7
1	0	1	4	<0.5	11
2	2	2	14	4	34
2	3	0	12	3	28
2	3	1	14	4	34
2	4	0	15	4	37
3	0	0	8	1	19
3	0	1	11	2	25
3	0	2	13	3	31
1	0	2	6	<0.5	15
1	0	3	8	1	19
1	1	0	4	<0.5	11
1	1	1	6	<0.5	15
1	1	2	8	1	19
1	2	0	6	<0.5	15
1	2	1	8	1	19
1	2	2	10	2	23
1	3	0	8	1	19
1	3	1	10	2	23
1	4	0	11	2	25
2	0	0	5	<0.5	13
2	0	1	7	1	17
2	0	2	9	2	21
2	0	3	12	3	28
2	1	0	7	1	17
2	1	1	9	2	21
2	1	2	12	3	28
2	2	0	9	2	21
2	2	1	12	3	28
4	5	1	48	16	124
5	0	0	23	7	70
5	0	1	31	11	89
5	0	2	43	15	114
5	0	3	58	19	144
5	0	4	76	24	180
5	1	0	33	11	93

(계속)

B			MPN 100 mL	MPN의 신뢰한계	
10 mL 씩 5개	1 mL 씩 5개	0.1 mL 씩 5개		하한	상한
3	1	0	11	2	25
3	1	1	14	4	34
3	1	2	17	5	46
3	1	3	20	6	60
3	2	0	14	4	34
3	2	1	17	5	46
3	2	2	20	6	60
3	3	0	17	5	46
3	3	1	21	7	63
3	4	0	21	7	63
3	4	1	14	8	72
3	5	0	25	8	75
4	0	0	13	3	31
4	0	1	17	4	46
4	0	2	21	7	63
4	0	3	25	8	75
4	1	0	17	5	46
4	1	1	21	7	63
4	1	2	26	9	78
4	2	0	22	7	67
4	2	1	26	9	78
4	2	2	32	11	91
4	3	0	27	9	80
4	3	1	33	11	93
4	3	2	39	13	106
4	4	0	34	12	96
4	4	1	40	14	108
4	5	0	41	14	110
5	1	1	46	16	120
5	1	2	63	21	154
5	1	3	84	26	197
5	2	0	49	17	126
5	2	1	70	23	168
5	2	2	94	28	219
5	2	3	120	33	281
5	2	4	148	38	366
5	2	5	177	44	515
5	3	0	79	25	187
5	3	1	109	31	253
5	3	2	141	37	343
5	3	3	175	44	503
5	3	4	212	53	669
5	3	5	253	77	788
5	4	0	130	35	302
5	4	1	172	43	486
5	4	2	221	57	698
5	4	3	278	90	849
5	4	4	345	117	999
5	4	5	426	145	1,161
5	5	0	240	68	754
5	5	1	348	118	1,005
5	5	2	542	180	1,405
5	5	3	920	300	3,200
5	5	4	1,600	640	5,800
5	5	5	22,400	800	∞

표 10-2 3단계 희석(10, 1, 0.1 mL) 3개 발효관의 양성에 대한 최확수(MPN)와 95%의 신뢰한계

양성관수			MPN 100 mL	MPN의 신뢰한계		B			MPN 100 mL	MPN의 신뢰한계	
10 mL 씩 3개	1 mL 씩 3개	0.1 mL 씩 3개		하한	상한	10 mL 씩 3개	1 mL 씩 3개	0.1 mL 씩 3개		하한	상한
0	0	0		0		2	0	0	9.1	1.0	36
0	0	1	3		9	2	0	1	14	2.7	37
0	0	2	6			2	0	2	20		
0	0	3	9			2	0	3	26		
0	1	0	3	0.085	13	2	1	0	15	2.8	44
0	1	1	6.1			2	1	1	20		
0	1	2	9.2			2	1	2	27		
0	1	3	12			2	1	3	34		
0	2	0	6.2			2	2	0	21	3.5	47
0	2	1	9.3			2	2	1	28		
0	2	2	12			2	2	2	35		
0	2	3	16			2	2	3	42		
0	3	0	9.4			2	3	0	29		
0	3	1	13			2	3	1	36		
0	3	2	16			2	3	2	44		
0	3	3	19			2	3	3	53		
1	0	0	3.6	0.085	20	3	0	0	23	3.5	120
1	0	1	7.2	0.87	21	3	0	1	39	6.9	130
1	0	2	11			3	0	2	64		
1	0	3	15			3	0	3	95		
1	1	0	7.3	0.88	23	3	1	0	43	7.1	210
1	1	1	11			3	1	1	75	14	230
1	1	2	15			3	1	2	120	30	380
1	1	3	19			3	1	3	160		
1	2	0	11	2.7	36	3	2	0	93	15	380
1	2	1	15			3	2	1	150	30	440
1	2	2	20			3	2	2	210	35	470
1	2	3	24			3	2	3	290		
1	3	0	16			3	3	0	240	36	1,300
1	3	1	20			3	3	1	460	71	2,400
1	3	2	24			3	3	2	1,100	150	4,800
1	3	3	29			3	3	3	22,400	460	

3. IMVIC 시험

1) 실험원리

인돌생성시험, 메틸레드시험, Voges-Proskauer 시험, 구연산이용시험을 실시하여 대장균군을 분류하는 데 이용된다.

(1) 인돌생성시험

세균이 아미노산인 트립토판tryptophane을 분해하여 인돌indole을 생성하는 능력이 있는지를 시험한다. 인돌은 tryptophanase를 분비하는 세균의 작용에 의해 트립토판이 인돌, 피루브산, 암모니아로 분해될 때 생성된다. 인돌이 생성되면 Kovac's 시약과 반응하여 밝은 적색을 띠게 된다.

(2) 메틸레드시험

세균이 포도당 발효 시 고농도의 혼합산(mixed acid : formic acid, acetic acid, succinic acid, butyric acid 등의 혼합물)을 생산하는 능력이 있는지를 시험한다. 배지 중의 지시약인 메틸레드는 pH 5.0 이하에서는 적색이고 5.0 이상에서는 황색을 띤다.

(3) Voges-Proskauer 시험

세균이 포도당 발효 시 생성되는 유기산으로부터 아세틸메틸 카비놀acetylmethylcarbinol (acetoin)을 생산하는지 여부를 시험한다. 아세틸메틸 카비놀은 강알칼리에서 산화되면 다이아세틸diacetyl로 되고, 크레아틴creatine과 축합반응을 일으켜 적색을 띠게 된다.

(4) 구연산이용시험

세균이 탄소원으로 구연산citrate을 이용하는지 여부를 시험한다. 탄소원으로 구연산을 이용하는 세균은 배지 중의 구연산을 옥살로아세테이트oxaloacetate와 아세트산acetic acid으로 분해하고 다시 피루브산pyruvic acid과 CO_2로 전환시킨다. CO_2는 Na^+와 H_2O와 결합하여 알칼리성인 중탄산염나트륨(Na_2CO_3)을 생성한다. 균이 구연산나트륨 배지에서 증식하면 배지는 알칼리성이 되므로 배지에 첨가된 bromophenol blue 지시약에 의해 녹색의 배지가 진한 청색으로 변화한다.

2) 실험재료 및 기구

- 균주 : TSB 배지에서 24시간 배양한 *Escherichia coli*와 *Enterobacter aerogenes*

TSB 배지(Tryptic soy broth)

Tryptone ·· 17 g

Soytone ·· 3 g

Dextrose ·· 2.5 g

Sodium chloride ································ 5 g

Dipotassium phosphate ························ 2.5 g

위의 성분을 증류수 1,000 mL에 녹여 pH 7.3±0.2로 조정한 후 121℃에서 15분간 멸균한다.

Tryptone broth

Tryptone ·· 10g

증류수 ·· 1L

Kovac's 시약

p-dimethyl benzaldehyde ······················ 10 g

Amyl alcohol 또는 isopropyl alcohol 150 mL

HCl ·· 50 mL

p-dimethyl benzaldehyde를 알코올에 서서히 녹이고 산을 가한다. 용액은 연황색을 나타내야 한다. 용액이 만일 갈색이면 시약은 사용해서는 안 된다.

MR-VP broth

Peptone ·· 7 g

Glucose ·· 5 g

Dipotassium phosphate ···················· 5 g

위의 성분을 증류수 1,000 mL에 녹여 pH 6.9로 조정한 후 121℃에서 15분간 멸균한다.

Simmon's citrate agar

Magnesium Sulfate ························ 0.2 g

Monoammonium Phosphate ··············· 1 g

Dipotassium Phosphate ···················· 1 g

Sodium Citrate ······························· 2 g

Agar··15 g

Brom thymol blue························ 0.58 mL

위의 성분을 증류수 1,000 mL에 녹여 pH 6.8로 조정한 후 121℃에서 15분간 멸균한다.

메틸레드(methyl red) 지시약

Methyl red ·································· 0.1 g

95% ethyl alcohol ························ 300 mL

증류수····································· 200 mL

Barrit's 시약

(A) 용액

Arlpha naphthol(5%) ······················ 5 g

95% ethanol ······························ 100 mL

(B) 용액

Creatine ·· 0.3 g

KOH(40% 용액) ························· 100 mL

3) 실험방법

(1) Indole 반응

① 순수 배양한 균주에서 1백금이를 취해 tryptone broth 10 mL에 접종한다.

② 35~37℃에서 24시간 배양한다.

③ 펩톤수 배양액에 Kovac's 시약을 0.5 mL를 가하고 잘 흔들어 섞은 후 10분간 정치하고 관찰한다.

④ 시약 층이 암적색으로 변하면 양성으로 판정하고, 발색되지 않으면 음성으로 판정한다.

(2) Methyl red 반응

① 순수 배양한 균주에서 1백금이를 취해 MR-VP broth 10 mL에 접종한다.

② 35~37℃에서 24~48시간 배양한다.

③ 배양액에 methyl red 시약을 몇 방울 떨어뜨려 적색으로 변하면 양성, 노란색이면 음성으로 판정한다.

(3) Voges-Proskauer 반응

① 순수 배양한 균주에서 1백금이를 취해 MR-VP broth 10 mL에 접종한다.

② 35~37℃에서 24시간 배양한다.

③ 배양액에 Barrit' s시약 A용액 0.6 mL와 B 용액 0.2 mL를 가한 후 30초~1분간 흔들어 대기 중에서 산화시킨다.

④ 10~15분 방치한 후 결과를 관찰한다. 양성일 경우 배지가 분홍색을 띠며, 1시간이 지나도 분홍색이 나타나지 않으면 음성으로 판정한다.

(4) 구연산이용시험

① 순수 배양한 균주에서 1백금이를 취해 Simmon's citrate agar 사면배지에 접종한다.

② 35~37℃에서 24~48시간 배양한다.

③ 배지에서 집락형성 유무를 관찰하고 배지가 진한 청색을 나타내면 양성으로 판정한다.

4) 실험결과 및 고찰

① 인돌생성시험, 메틸레드시험, Voges-ProskauerVP 시험, 구연산이용시험의 성적을 종합하여 표 10-3에 의해 대장균군을 감별한다.

표 10-3 IMViC 시험에 의한 대장균군의 감별

균 명	indole	methyl red	VP	구연산이용
Escherichia coli	+	+	−	−
Enterobacter aerogenes	−	−	+	+
Citrobacter freundii	−	+	−	+
Klebsiella 속	−	−	+	+

② 대장균(*E. coli*)이 IMVIC 시험에서 인돌생성시험 양성, 메틸레드시험 양성, Voges-Proskauer 시험 음성, 구연산이용시험 음성의 결과를 나타내는 이유를 조사하라.

실험날짜		학번		이름	
실험제목					
실험원리					
실험재료					
실험방법					
실험결과 및 고찰					

실험 6 미생물 염색법

대부분의 세균은 색을 띠지 않고 명암대비가 없기 때문에 광학 현미경에서 투명하게 나타나 관찰이 쉽지 않다. 이러한 세균을 관찰하기 위하여 여러 종류의 염색시약dye을 사용한 염색법staining이 개발되었다.

세균을 한 가지 염색시약으로 염색하는 방법을 단순염색법이라 하며, 메틸렌 블루methylene blue와 크리스탈 바이올렛crystal violet 등과 같은 염기성 염료basic dye를 주로 이용한다. 염기성 염료는 발색단chromophore이라고 하는 색을 내는 이온이 양전하를 띠고 있어 음전하를 띠는 세포 소기관(핵산과 단백질 등)에 결합하여 세균을 쉽게 염색시킨다.

단순염색이 단일염료를 사용하는 데 비하여, 분별염색은 1차 염료와 대조염료counter stain의 두 가지 다른 색의 염료를 사용하여 세포의 종류를 구분하는 데 이용된다. 덴마크의 외과의사인 그람Christian Gram에 의해 개발된 gram염색은 세균을 동정하거나 분류할 때 가장 널리 사용되는 분별염색법으로, 세포벽이 염색된 결과에 따라 세균을 gram양성균과 gram음성균으로 구별할 수 있다. 1차 염료인 크리스탈 바이올렛과 대조염료인 사프라닌safranin 처리에 의해 보라색으로 염색되는 것을 gram양성균으로 붉은색으로 염색되는 것을 gram음성균으로 분류한다.

1. 단순염색(simple staining)

1) 실험원리

염기성 염료인 메틸렌 블루methylene blue를 이용하여 단순염색을 실시한다. 양전하를 띠는 메틸렌 블루는 음전하를 띠는 세균에 쉽게 결합한다. 메틸렌 블루가 갖고 있는 푸른색 발색단(그림 10-6-1)에 의해 세균이 푸른색으로 염색된다.

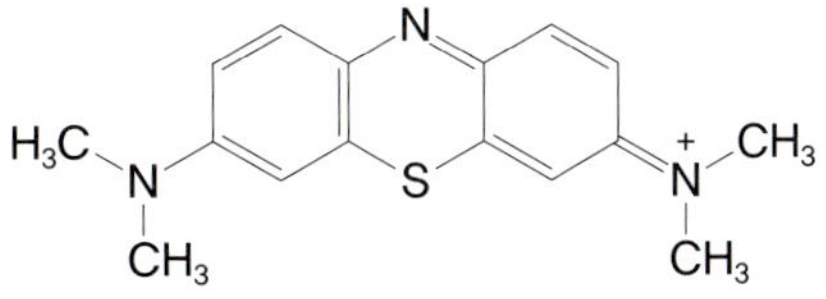

그림 10-6-1 메틸렌 블루의 구조

2) 실험재료 및 기구

- *Escherichia coli* 순수 배양액
- *Bacillus subtili*s 순수 배양액
- 광학 현미경
- 슬라이드 글라스
- 백금이
- 알코올램프
- Methylene blue 용액

3) 실험방법

(1) 세균 시료의 도말

① 슬라이드 글라스를 깨끗이 닦고 도말할 부위를 확인한다.

② 배양된 균액을 잘 흔든 후 멸균된 백금이로 배양액으로부터 시료를 취한다.

③ 백금이에 묻은 시료를 슬라이드 글라스 위에 지름 약 1.5~2 cm 정도의 크기로 얇고 넓게 펼쳐 준다.

④ 시료가 도말된 슬라이드 글라스를 알코올램프에 빠르게 2~3회 통과시켜 균을 건조시켜 시료를 고정시킨다.

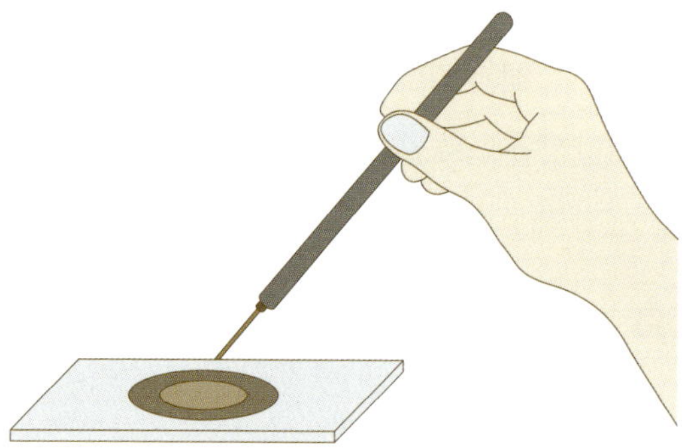

그림 10-6-2 시료의 도말

(2) 염색

① 건조된 도말 시료에 메틸렌 블루 염색시약을 2~3방울 떨어뜨리고 30초~1분간 염색한다.

② 세척병의 물 또는 약하게 흘러내리는 수돗물로 조심스럽게 염색시약을 씻어낸다.

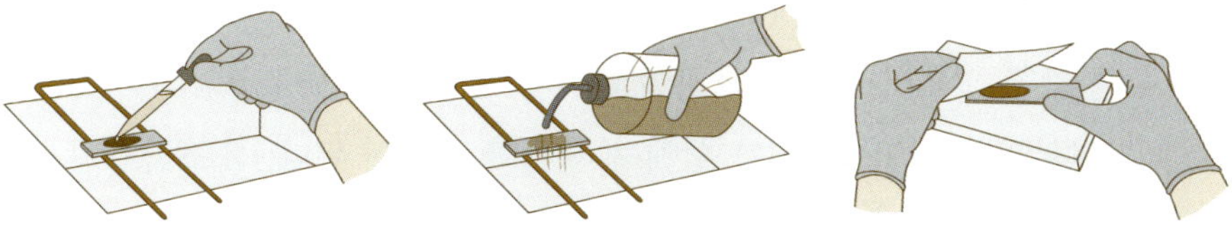

① 메틸렌 블루, 1분　　② 물로 세척　　③ 수분 제거 및 건조

그림 10-6-3 단순염색 과정

③ 흡수 종이 또는 티슈로 부드럽게 슬라이드 글라스 위의 수분을 흡수하여 제거하고 실온에서 건조시킨다.

④ 광학 현미경의 저배율부터 시작하여 균을 관찰하고 그린다.

4) 실험결과 및 고찰

① 메틸렌 블루로 염색된 균의 색을 관찰하라.

② 단순염색법에 의해 관찰한 세균을 그려라.

③ 염기성 염료는 양성염색에 이용되고, 산성 염료는 음성염색에 이용된다. 양성염색과 음성염색의 차이점에 대하여 조사하라.

2. Gram염색(gram staining)

1) 실험원리

1차 염료로 모든 세균을 보라색으로 염색시키는 크리스탈 바이올렛crystal violet이 사용된다. 요오드는 크리스탈 바이올렛과 펩티도글리칸 사이의 작용을 증가시켜 염색을 촉진시키는 매염제 역할을 한다. 불용성인 크리스탈 바이올렛-요오드 복합체는 gram음성균의 경우 알코올에 의해 탈색이 되지만 양성균은 탈색되지 않고 보라색을 유지한다.

Gram양성균의 경우 알코올에 의해 두꺼운 펩티도글리칸 층에서 물이 빠져나가 수축되면서 크리스탈 바이올렛-요오드 복합체가 빠져나갈 수 있는 세포벽의 구멍이 차단되어 보라색을 유지하게 된다. 반면에 gram음성균은 양성균에 비해 펩티도글리칸 층이 얇고 세포벽에 있는 구멍이 크기 때문에 알코올이 외막의 지질 부위를 용해시키고 침투해 염료 복합체를 쉽게 제거하여 탈색이 된다. 대조염료인 사프라닌safranin은 탈색된 gram음성균을 2차로 염색시키는 작용을 하며, 사프라닌에 의해 음성균은 붉은색을 띠게 된다.

2) 실험재료 및 기구

- *Escherichia coli* 순수 배양액
- *Bacillus subtilis* 순수 배양액
- 광학 현미경
- 슬라이드 글라스
- 백금이
- 알코올램프

Crystal violet 용액

(A) 용액

Crystal violet ································· 2 g

95% Ethanol ································· 20 mL

(B) 용액

Ammonium oxalate ······················ 0.8 g

증류수··· 80 mL

A 용액과 B 용액을 혼합하고 24시간 방치한 후 여과하여 사용한다.

Gram's iodine 용액

Iodine ·· 1g

Potassium iodide(KI) ····················· 2 g

증류수····································· 300 mL

증류수에 KI를 먼저 녹인 후 iodine을 녹이고 총 부피를 맞춘다.

Safranin O 용액

Safranine ······································ 2.5 g

95% Ethanol ······························ 100 mL

사용 전 위 용액을 증류수에 1/10로 희석하여 사용한다.

3) 실험방법

(1) 세균 시료의 도말

단순염색에서 기술한 것과 동일한 방법으로 슬라이드 글라스 위에 시료를 도말한다.

(2) 염색

① 건조된 도말 시료에 crystal violet 용액을 1~2방울 가하여 1분간 염색한다.

② 세척병의 물 또는 흐르는 물로 약 2초 동안 조심스럽게 염색시약을 씻어내고 물기를 최대한 제거한다.

③ Gram's iodine 용액을 1~2방울 가하여 1분 동안 매염한다.

④ 물로 세척하고 물기를 제거한다.

⑤ 95% 에탄올을 1~2방울 가하여 약 30초간 탈색시킨다.

⑥ 물로 세척하고 물기를 제거한다.

⑦ Safranin O 용액을 1~2방울 가하여 1분간 대조염색한다.

⑧ 물로 세척하고 물기를 제거한다.

⑨ 흡수 종이 또는 티슈로 부드럽게 슬라이드 글라스 위의 수분을 흡수하여 제거하고 실온에서 건조시킨다.

⑩ 광학 현미경의 저배율부터 시작하여 균을 관찰하고 그린다.

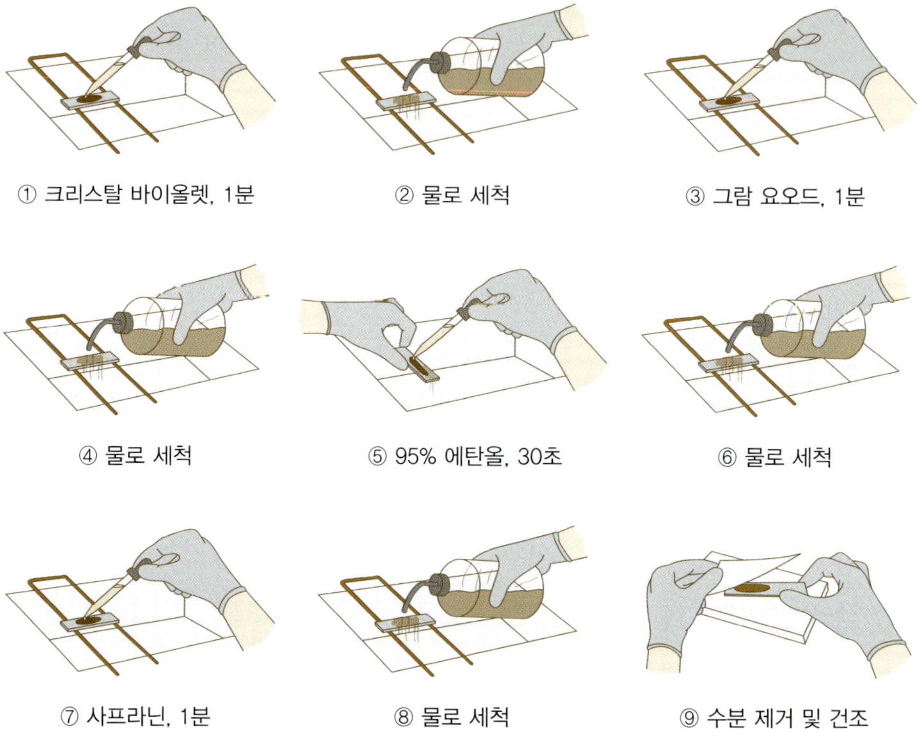

그림 10-6-4 Gram염색 과정

4) 실험결과 및 고찰

① 염색과정에 따른 gram양성균과 gram음성균의 색 변화를 관찰하라.

② Gram염색에 의해 관찰한 세균을 그려라.

③ Gram양성과 gram음성으로 관찰된 세균은 어떤 것인가?

④ Gram양성균과 gram음성균 세포벽의 차이점에 대하여 조사하라.

⑤ 단순염색법과 gram염색법의 차이점에 대하여 조사하라.

표 10-4 Gram염색 과정에 따른 양성균과 음성균의 색 변화

염색과정	gram양성균	gram음성균
크리스탈 바이올렛(1차 염색약)	보라색	보라색
gram 요오드(매염제)	보라색	보라색
95% 에탄올(탈색제)	보라색	무색
사프라닌(대조 염색약)	보라색	붉은색

3. 포자염색(spore staining)

1) 실험원리

Gram양성의 간균으로 호기성인 *Bacillus* 속과 혐기성인 *Clostridium* 속의 세균은 배양후기 등 환경조건이 나빠지면 저항력이 강한 포자spore를 세포내에 형성하는데, 이를 내생포자endospore 또는 아포라 한다. 내생포자의 벽은 굴절성이 있으며 매우 두껍기 때문에 일반 염료의 침투가 어려우므로, 말라카이트 그린malachite green을 가하고 가온 처리에 의해 색소가 포자에 침투하도록 하여 염색을 진행한다.

- 가온염색: 말라카이트 그린에 의해 내생포자와 영양세포 모두 녹색으로 염색된다.
- 탈색: 물로 세척 시 영양세포는 탈색이 되며 내생포자는 녹색을 유지한다.
- 대조염색: 탈색된 영양세포는 대조염료인 사프라닌에 의해 붉은색으로 염색되는 반면, 내생포자는 녹색을 유지한다.

2) 실험재료 및 기구

- 영양한천배지에 24시간 이상 배양한 *Bacillus subtilis* 배양액
- 광학 현미경
- 슬라이드 글라스
- 백금이
- 알코올램프

- 작은 비커(25 mL)
- Hot plate
- 여과지(Whatman No.1)

5% Malachite green 용액

Malachite green ································ 5 g
증류수 ···································· 100 mL

0.5% Safranine O 용액

Safranine ·· 5 g
95% Ethanol ······························ 100 mL

사용 전 위 용액을 증류수에 1/10로 희석하여 사용한다.

3) 실험방법

(1) 세균 시료의 도말

단순염색의 도말방법과 동일한 방법으로 슬라이드 글라스 위에 시료를 도말한다.

(2) 염색

① 도말된 시료의 표면을 적당한 크기로 자른 여과지로 덮는다.
② 여과지 위에 malachite green 용액을 충분히 떨어뜨려 적신다.
③ 비커에 물을 1/3 정도 넣고 그 위에 표본을 걸쳐 놓은 뒤 hot plate에서 가열하고 5분 동안 뜨거운 김으로 가온한다.
④ 슬라이드 글라스를 충분히 식힌 후 여과지를 떼어내고 물로 세척한다.
⑤ Safranin O를 1~2방울 가하여 30초간 대조염색한다.
⑥ 세척병의 물 또는 흐르는 물로 세척한다.
⑦ 흡수 종이 또는 티슈로 부드럽게 슬라이드 글라스 위의 수분을 흡수하여 제거하고 실온에서 건조시킨다.
⑧ 광학 현미경의 저배율부터 시작하여 균을 관찰하고 그린다.

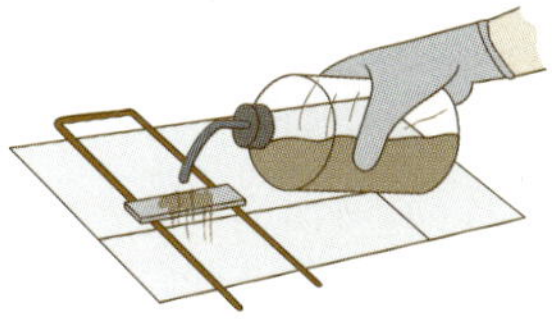

① 말라카이트 그린을 가하고 가온 염색 ② 물로 세척

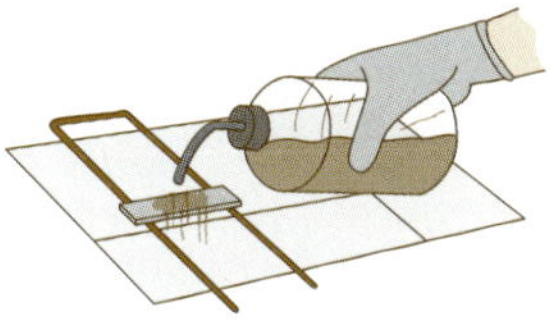

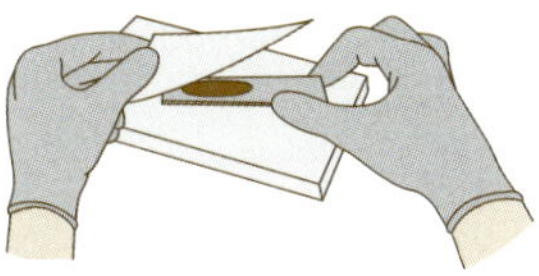

③ 사프라닌, 30초 ④ 물로 세척 ⑤ 수분 제거 및 건조

그림 10-6-5 포자염색 과정

4) 실험결과 및 고찰

① 염색과정에 따른 포자와 영양세포의 색 변화를 관찰하라.

② 포자염색에 의해 관찰한 세균을 그려라.

③ 포자염색에서 염료로 말라카이트 그린을 사용하고 가온 처리하는 이유를 조사하라.

④ 포자염색법과 일반염색법의 차이점에 대하여 조사하라.

표 10-5 포자염색 과정에 따른 포자와 영양세포의 색 변화

세포	1차염색 (malachite green)	탈색 (water)	대조염색 (safranin)
포자	녹색	녹색	녹색
영양세포	녹색	무색	붉은색

실험날짜		학번		이름	
실험제목					
실험원리					
실험재료					
실험방법					
실험결과 및 고찰					

실험 7 병원성미생물 검사법

1. 살모넬라균(*Salmonella* spp.)

Samon Smith(1885)는 돼지 Cholera증의 원인균으로 *Salmonella cholerasuis*를 최초로 발견하고 Salmon의 이름을 따서 *Salmonella* 속이라고 하였다. *Salmonella* 속에는 약 2,200여 종이 있으며, 이 중에서 *Salmonella typhi*, *Salmonella paratyphi* A, *Salmonella paratyphi* B 등은 법정전염병 원인균이며 이들은 식중독균에는 속하지 않는다.

Salmonella typhimurium, *Salmonella enteritides*, *Salmonella anatum*, *Salmonella gallinarum*, *cholerasuis* 등의 극소수 *Salmonella*만이 원인균인 감염형 식중독균이다.

2. 실험원리

식품공전을 기준으로 증균배양, 분리배양, 확인실험을 통하여 살모넬라를 검출한다.

3. 실험재료 및 기구

- 멸균기(건열 및 고압증기)
- 인큐베이터
- 냉동 및 냉장고
- pH meter
- 광학 현미경
- 균질기: 스토마커(stomacher) 및 stomacher bag
- 피펫: 1 mL, 5 mL, 10 mL 등
- 배양접시

BPW(Buffered peptone water)

Peptone ·· 10 g

NaCl ·· 5 g

위 성분에 증류수를 가하여 1,000 mL로 용해한 후 pH 7.5가 되도록한 다음 고압증기멸균하여 사용한다.

Rappaport-Vassiliadis Brioth

Tryptone ·· 5 g

Sodium chloride ································ 5 g

Monopotassium phosphate ···················· 1.6 g

Magnesium chloride $6H_2O$ ·················· 40.0 g

Malachite green oxalate ····················· 0.036 g

위의 성분을 증류수 1,000 mL에 녹여 시험관에 10 mL 씩 분주한 후 116℃에서 15분간 멸균하여 사용한다.

Desoxycholate Citrate Agar

Beef Extract ···································· 5.0 g

Peptone ·· 5.0 g

Lactose ·· 10.0 g

Sodium citrate ································· 8.5 g

Sodium thiosulfate ···························· 5.4 g

Ferric ammonium citrate ····················· 1.0 g

Sodium desoxycholate ························ 5.0 g

Neutral red ···································· 0.02 g

Agar ··· 12.0 g

위의 성분을 증류수 1,000 mL에 녹여 pH 7.5±0.2로 조정하고 가열 용해한다.

MacConkey Agar

Peptone ········ 17.0 g
Polypeptone ········ 3.0 g
Lactose ········ 10.0 g
Bile salts No.3 ········ 1.5 g
Sodium chloride ········ 5.0 g
Neutral red ········ 0.03 g
Crystal violet ········ 0.001 g
Agar ········ 13.5 g

위의 성분을 증류수 1,000 mL에 녹여 pH 7.1±0.2로 조정하고 가열 용해한 후 121℃에서15분간 멸균한다.

Xylose Lysine Desoxycholate agar(XLD한천배지)

Yeast extract ········ 3 g
L-lysine ········ 5 g
Xylose ········ 3.75 g
Lactose ········ 7.5 g
Sucrose ········ 7.5 g
Sodium desoxycholate ········ 2.5 g
Ferric ammonium citrate ········ 0.8 g
Sodium thiosulfate ········ 6.8 g
Sodium chloride ········ 5 g
Agar ········ 15 g
Phenol red(산성: 노란색, 알칼리: 적색) ··· 0.08 g

위의 성분에 증류수 1,000 mL를 가하여 가열용해한 후 사용한다. 단, 고압증기멸균해서는 안 된다.

4. 실험방법

1) 증균배양

(1) 비선택적 증균배양

시료액 25 mL(g)에 225 mL의 BPW를 첨가하여 36±1℃에서 18±2시간 배양한다.

(2) 선택적 증균배양

배양액 0.1 mL을 10 mL의 RV broth에 접종하여 42±0.5℃에서 24±2시간 증균배양한다.

2) 분리배양

증균배양액을 DCA, MCA 및 XLD agar 배지에 도말한 후 36±1℃에서 24시간 배양한다.

3) 확인실험

분리배양 실험을 통해 배양한 균주를 API kit를 이용해 확인실험을 실시 한다.

5. 실험결과

1) 증균배양

(1) 비선택적 증균배양

시료액 25 mL(g)에 225 mL의 BPW를 첨가하여 36±1℃에서 18±2시간 배양한다.

① 장점: 높은 pH 완충능력

② 단점: *Salmonella* sp.외 다른 균의 생육정도가 높다.

③ 보완: 선택인자(brilliant green, crystal violet, malachite green)를 첨가하기도 한다.

배양 전

배양 후

(2) 선택적 증균배양

배양액 0.1 mL을 10 mL의 RV broth에 접종하여 42±0.5℃에서 24±2시간 증균배양한다.

식품으로부터 *Salmonella* sp. 검출에 있어서 시료 채취를 제외하고 배양시간과 온도가 핵심요소로 작용한다.

① 다른 장내 세균에 비해 비교적 높은 삼투압

② 낮은 pH(산성조건)에서 생육

③ Malachite green에 대한 내성(저항성)이 높고,

④ 생육에 요구되는 영양조건이 상대적으로 낮은 점을 최대한 활용한 선택배지

배양 전

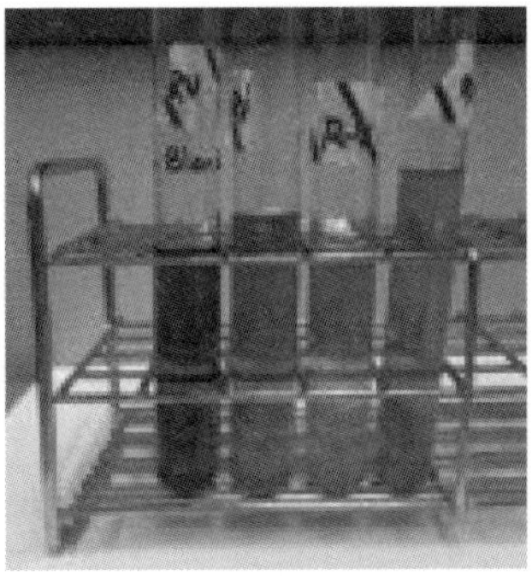

배양 후

2) 분리배양

증균배양액을 DCA, MCA 및 XLD agar 배지에 도말한 후 36±1℃에서 24시간 배양한다.

평판별로 결과를 살펴보면, DCA의 경우 구연산암모늄철ferric ammonium citrate와 대사과정 중 생성된 황화수소(H_2S)와 반응하여 검은색 콜로니를 형성하고, 유당을 발효과정에 이용하지 못해 배시의 색은 노란색으로 변했다.

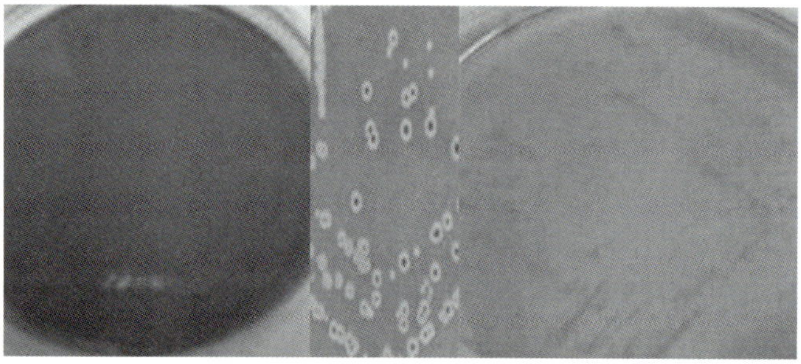

배양 전　　　　배양 후

MCA의 경우 유당을 분해하지 못하여 배지의 색이 노란색으로 변했다.

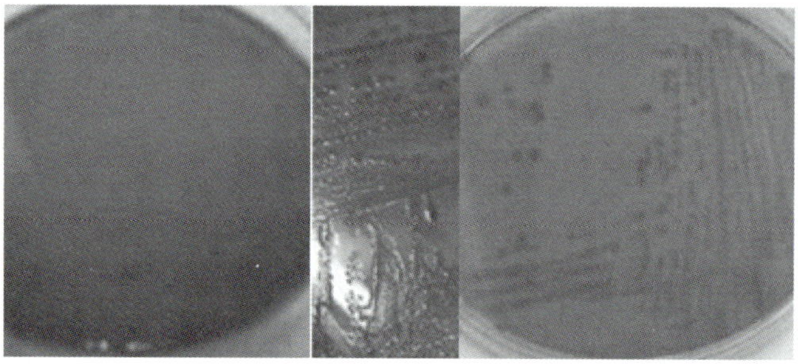

배양 전　　　　배양 후

XLD의 경우 lysine의 탈탄산반응에 의한 알칼리성 물질이 생성으로 배지의 색이 적색으로 변했으며, 대사과정 중에 생성된 황화수소(H_2S)와 구연산암모늄철이 결합하여 검은색 콜로니를 형성했다.

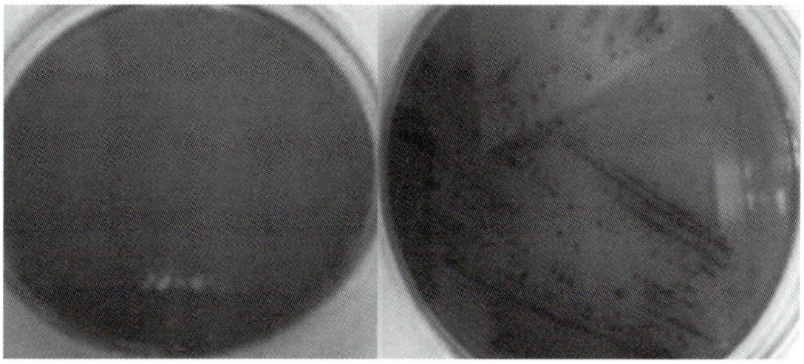

배양 전　　　　　　　　배양 후

3) 확인시험(API kit)

(1) 분리배양 실험 시 의심집락을 NA배지에 배양한다.

(2) 희석용 앰플(API NaCl 0.85% medium 5 mL or API suspention medium 5 mL) 을 엄지손가락으로 밀어서 깨지면 배양균주 1백금이를 따서 접종한다.

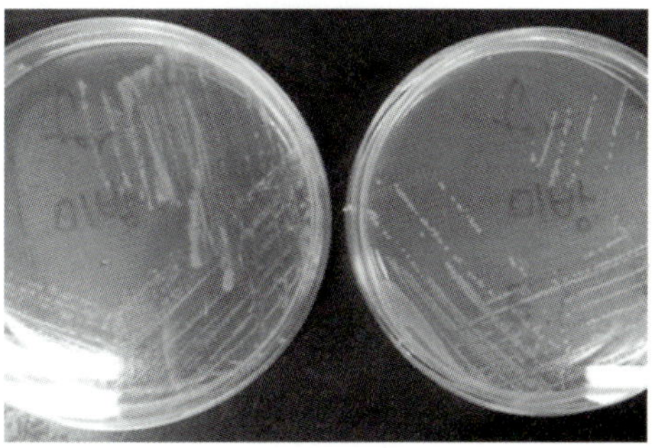

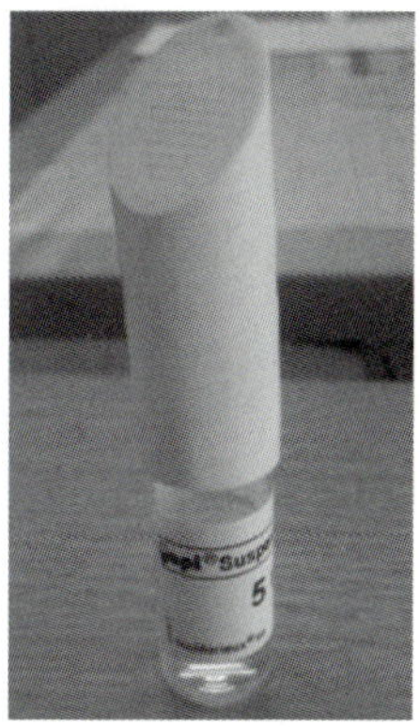

(3) Oxidase test

① Slide glass에 증류수 1방울 떨어뜨려 멸균 작업 후 균주를 도말한다.

② OX시약을 1방울 떨어뜨린다.

③ 1~2분 내 청색을 나타내면 양성이다.

(4) API kit 사용법

① 스트립 아래쪽에 표시된 글자에 아무 표시 없을 때: 튜브까지 검액 주입(스트립을 45도로 세워서 분주하면 기포 차는 것 방지)

② 스트립 아래쪽에 표시된 글자에 ⊔ 표시 있으면 : 튜브+큐플까지 채운다.

③ 스트립 아래쪽에 표시된 글자에 ___ 표시 있으면: 튜브까지 검액 채우고 혐기성 환경유지를 위해 큐풀까지 오일을 채운다.

④ 트레이에 증류수 mL을 첨가한 incubation tray에 스트립을 넣고 배양한다.

⑤ 트레이 뚜껑을 덮고 5~37℃에서 18~24시간 배양한다.

음성 반응

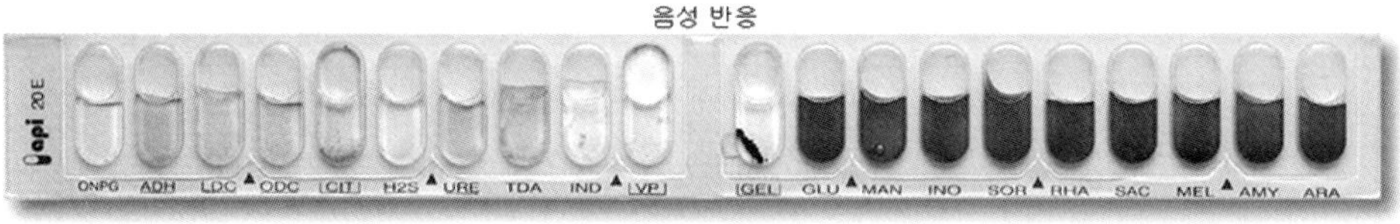

양성 반응

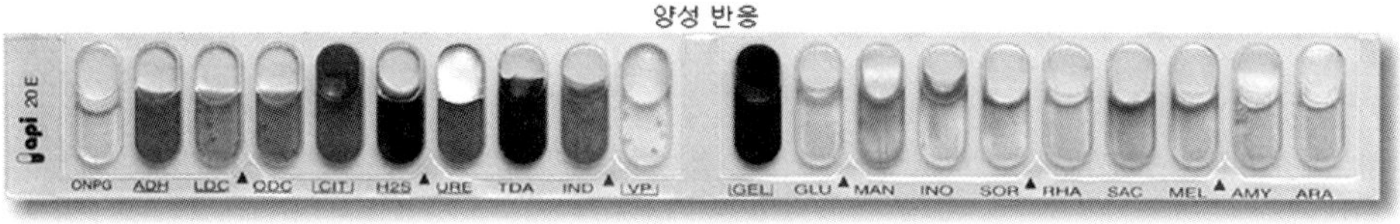

⑥ 배양 후 시약 사용법 및 결과 확인(API 20E)

- TDA: TDA 갈색(+)
- IND: JAMES 분홍색(+)
- VP: VP1 + VP2 옅은 핑크 또는 적자색, 분홍색(+) 10분
- GLU: NIT1 + NIT2 빨간색(+) 2~5분

표 10-6 판독표(API manual)

Tests	Activi Ingredients	QTY (mg/cup)	Reactions/Enzymes	Results	
				Negative	Positive
ONPG	2-nitrophenyl-β-D-galactopyranoside	0.223	β-galactosidase (Ortho NitroPhenyl-β-D-Galactopyranosidase	colorless	yellow(1)
ADH	L-arginine	1.9	Arginine-DiHydrolase	yellow	red/orange(2)
LDC	L-lysine	1.9	Lysine Decarboxylase	yellow	red/orange(2)
ODC	L-ornithine	1.9	Ornithine Decarboxylase	yellow	red/orange(2)
CIT	trisodium citrate	0.756	CITrate utilization	pale green/yellow	blue-green/blue(3)
H_2S	sodium thiosulfate	0.075	H2S production	yellow	black deposit/thin line
URE	urea	0.76	UREase	yellow	red/orange(2)
TDA	L-tryptophan	0.38	Tryptophane DeAminase	TDA/immediate	
				yellow	reddish brown
IND	L-tryptophan	0.19	INDole production	JAMSE/immediate	
				colorless pale green/yellow	pink
VP	sodium pyrivate	1.9	acetoin producrion(Voges Proskauer)	VP1+VP2/10min	
				colorless	pink/red(5)
GEL	Gelatin(bovine origin)	0.6	GLEatinase	no diffusion	diffusion of black pigment

(계속)

Tests	Activi Ingredients	QTY (mg/cup)	Reactions/Enzymes	Results	
				Negative	Positive
GLU	D–glucose	1.9	fermentation/oxidase (GLUcose)(4)	blue/blue–green	yellow/greyish yellow
MAN	D–mannitol	1.9	fermentation/oxidase (MANnitol)(4)	blue/blue–green	yellow
INO	inositol	1.9	fermentation/oxidase (INOsitol)(4)	blue/blue–green	yellow
SOR	D–sorbitol	1.9	fermentation/oxidase (SORbitol)(4)	blue/blue–green	yellow
RHA	L–rhamnose	1.9	fermentation/oxidase (RHAmnoe)(4)	blue/blue–green	yellow
SAC	D–sucrose	1.9	fermentation/oxidase (SACcharose)(4)	blue/blue–green	yellow
MEL	D–melibiose	1.9	fermentation/oxidase (MELibiose)(4)	blue/blue–green	yellow
AMY	amygdalin	0.57	fermentation/oxidase (AMYgdalin)(4)	blue/blue–green	yellow
ARA	L–arabinose	1.9	fermentation/oxidase (ARAbinose)(4)	blue/blue–green	yellow
OX	(see oxidase test packing insert)		cytochrom–OXidase	(see oxidase test packing insert)	

(7) 위 실험으로 결과 판독이 불가할 때, 추가결과 확인(API 20E)

① OF-F +(노란색) 배양조건: 혐기적 배양미네랄 오일로 공기 차단

② OF-O +(노란색) 배양조건: 호기적 배양

③ NO_2+red(NIT1, NIT2 시약을 GLU 튜브에 1방울 넣고, 2~3분 후 적색이면 양성)

④ N2 + red NO_2 음성일 경우만 실시

⑤ MOB(운동성)

⑥ McC +

F : 발효, O : 산화, C : colony, Mc : MacConkey

표 10-7 Supplementary Tests

Tests	Activi Ingredients	QTY (mg/cup)	Reactions/Enzymes	Results	
				Negative	Positive
Nitrate reduction GLU tube	potassium nitrate	0.076	NO_2 production reduction to N_2 gas	NIT1 + NIT2/2–5 min	
				yellow	red
				Zn/5min	
				orange–red	yellow
MOB	API M Medium or microscpe	–	motility	non–motile	motile
McC	MacConkey medium	–	growth	absence	presence
OF–F OF–O	glucose (API OF Medium)	–	fermentation: under mineral oil	green	green
			oxidation: exposed to the air	yellow	yellow

<table>
<tr><td>실험날짜</td><td></td><td>학번</td><td></td><td>이름</td><td></td></tr>
<tr><td>실험제목</td><td colspan="5"></td></tr>
<tr><td>실험원리</td><td colspan="5"></td></tr>
<tr><td>실험재료</td><td colspan="5"></td></tr>
<tr><td>실험방법</td><td colspan="5"></td></tr>
<tr><td>실험결과
및
고찰</td><td colspan="5"></td></tr>
</table>

실험 8 PCR을 이용한 미생물의 확인

1. 젖산균의 chromosomal DNA의 분리

1) 실험원리

분자생물학적 방법을 이용하여 세균을 동정하기 위해서는 chromosomal DNA의 효율적인 분리는 필수적이다. 세균으로부터 chromosomal DNA 분리과정은 크게 4단계로 구분되는데 세균의 배양 및 회수, 세포벽 분해과정, DNA 이외의 다른 이물질의 제거 및 최종 DNA 산물의 농축과정을 포함한다. 특히 젖산균과 같은 gram 양성균은 펩티도글리칸이 두꺼운 세포벽을 가지고 있어 분해과정이 까다롭고 최종 DNA 산물의 순수 분리에 어려움이 있다. 본 실험에서는 세균 동정에 사용될 적은 양의 DNA를 효율적으로 분리하는 방법을 제시한다.

2) 실험재료 및 기구

- 젖산균(*Lactobacillus*, *Lactococcus*, *Streptococcus* 등), MRS 배지
- 분자생물학 실험용 등급 시약들: lysozyme, sucrose, Tris, HCl, EDTA, NaCl, proteinase K, sodium dodecyl sulfate(SDS), phenol/chloroform(1:1), chloroform, ethanol, RNase, potassium acetate(KOAc), 3차 증류수
- 미량원심분리기 및 튜브, 미세 피펫 및 팁, 아가로스 겔 전기영동장치, 균배양기, 고압멸균기, 배양용 수조

3) 실험방법

① 젖산균을 10 mL MRS 배지 내 37℃에서 배양한다(약 6~7시간 배양, 600 nm에서 O.D.값 1 정도가 적절).

② 미량원심분리기용 튜브에 배양액 약 1.5 mL를 넣은 후 6,000 rpm, 1분 동안 원심분리하여 젖산균을 회수한다(3회 실시).

③ 상등액을 제거한 다음 회수된 젖산균을 멸균증류수로 혼탁하여 세척한 후 6,000 rpm, 1분 동안 원심분리한다(2회 실시).

④ 용액 A(20% sucrose, 10 mM Tris-HCl, 10 mM EDTA, 50 mM NaCl) 1 mL에 lysozyme 10 mg을 첨가한 다음, 이 용액 0.5 mL를 젖산균 현탁액에 첨가한 후 55℃에서 30분 동안 배양한다.

⑤ 20 μL proteinase K(20 mg/mL)를 첨가하여 혼합한 후 10% SDS 용액 25 μL를 첨가한 다음 60℃에서 60분 동안 배양한다(용액은 반드시 투명해야 한다).

⑥ 14,000 rpm, 4℃, 15분 동안 원심분리 후 상등액을 회수한다.

⑦ 멸균증류수 250 μL를 첨가한 다음 다시 phenol/chloroform(1:1) 500 μL를 첨가한다.

⑧ 14,000 rpm, 4℃, 5분간 원심분리 후 상등액을 회수한 다음 새로운 튜브에 옮긴다.

⑨ ⑦~⑧번을 한번 더 반복한다.

⑩ Chloroform 500 μL를 첨가 후 잘 혼합한 다음 14,000 rpm, 4℃, 5분간 원심분리한다.

⑪ 상등액을 새로운 튜브에 옮긴 후 3 M KOAc(pH 4.8) 50 μL와 1 mL의 냉각된 96% EtOH을 첨가하여 잘 혼합한다. -20℃에서 1시간 저장한다.

⑫ 14,000 rpm, 4℃, 15분 동안 원심분리하여 상등액을 제거한 후 70% ethanol로 세척하고 다시 14,000 rpm, 10분간 원심분리한다.

⑬ 침전된 DNA를 건조시킨 후 100 μL 증류수로 용해한 다음 RNase 2 μL를 첨가하여 37℃에서 60분 동안 배양한다.

⑭ 최종 용액을 대상으로 아가로스 겔 전기영동을 실시한다.

4) 실험결과 및 고찰

전기영동을 실시하여 전형적인 chromosomal DNA의 분리 양상을 관찰한다.

2. 아가로스 겔 전기영동

1) 실험원리

아가로스 겔agarose gel을 이용한 전기영동방법은 DNA 단편을 분리, 동정, 정제하는 데 널리 이용되는 방법이다. 분리될 수 있는 DNA 크기는 약 100 bp에서 60 kb까지 그 범위가 넓고, 목적하는 DNA 크기에 따라 아가로스 농도를 조절하여 겔 밀도를 변화시킬 수 있다. 또한 적은 양의 DNA 단편(1~10 ng)도 낮은 농도의 ethidium bromide로 형광 염색되어 자외선조사를 통해 직접 관찰 가능하다. 일반적으로 DNA는 중성 pH에서 음의 전하를 띠어 전기영동장치 내 일정 세기의 전류 흐름에 의해 양극으로 이동한다.

2) 실험재료 및 기구

- 25X Tris-acetate(TAE) 완충액(1 M Tris-acetate, 0.025 M EDTA, pH 8.2), 6X 겔 로딩 완충액(30% glycerol, 60 mM Tris-HCl, 60 mM EDTA, 0.36% xylene cyanol FF, 2.4% orange G, pH 7.5), 아가로스 파우더, ethidium bromide(EtBr), 1 kb plus DNA 마커, 3차 멸균 증류수
- 아가로스 겔 전기영동장치, 마이크로웨이브, UV 트랜스일루미네이터(UV transilluminator), 칭량 저울, 미세 피펫 및 팁, 삼각 플라스크

3) 실험방법

① 25X TAE 완충액을 3차 멸균증류수로 희석하여 1X TAE 완충액을 제조한다.

② 표 10-8에 제시된 바와 같이 목적하는 시료 DNA의 크기에 따라 겔 농도를 설정하고 칭량 저울을 사용하여 삼각 플라스크에 적정량의 아가로스 파우더와 1X TAE 완충액을 붓는다.

③ 삼각 플라스크에 담긴 아가로스 현탁 용액의 부피를 표시하고 마이크로웨이브에서 아가로스를 완전히 녹인 다음, 증발된 완충액을 다시 보충해 준다.

④ 용해된 아가로스 용액을 약 60℃까지 식힌 후 EtBr을 최종 농도 0.5 μg/mL 되도록 가한 다음 잘 혼합한다.

⑤ 콤Comb이 설치된 겔 형성 틀에 최종 용액을 부어 상온에서 정치하여 굳힌다.

⑥ 겔이 굳은 후 콤을 조심스럽게 분리하고 전기영동장치에 형성틀과 함께 겔을 넣는다.

⑦ 1 X TAE 완충액을 겔이 충분히 잠길 정도로 부은 후 시료 로딩 버퍼와 시료를 1:6으로 섞어서 로딩한 다음 전기영동을 실시한다.

표 10-8 아가로스 농도에 따른 분리 가능한 적정 DNA 크기

아가로스 농도(%, w/v)	DNA 크기(kb)
0.3	5~60
0.6	1~20
0.7	0.8~10
0.9	0.5~7
1.2	0.4~6
1.5	0.2~3
2.0	0.1~2.0

4) 실험결과 및 고찰

시료 로딩 완충액의 파란색과 오렌지색 추적 밴드의 이동도를 관찰하면서 전기영동 시간을 결정한다.

3. RFLP 방법을 이용한 *Lactobacillus* 젖산균의 동정

1) 실험원리

Restriction fragment length polymorphismRFLP 방법은 동정하고자 하는 대상 균주

내 상동 DNA의 특정 서열을 PCR법으로 증폭하고 각종 제한효소로 처리하여 산출되는 다양한 밴드들을 아가로스 겔 전기영동을 실시하여 균주별 분리양상을 분석, 동정하는 방법이다. 균종마다 증폭되는 대상 DNA 서열내 작은 변이들이 제한효소의 절단자리의 변화를 초래하여 산출되는 밴드들의 길이가 달라져 상이한 전기영동 패턴을 산출한다. 본 실험에서는 젖산균의 16S-23S rRNA 유전자 공간 intergenic spacer 및 23S rRNA 일부 지역을 증폭할 수 있는 특정 프라이머를 사용하여 RFLP 방법을 실시한다.

2) 실험재료 및 기구

- 실험 균주: *Lactobacillus acidophilus*, *L. helveticus*, *L. plantarum*, *L. delbrueckii*, *L. casei*, *L. rhamnosus*, 미동정된 *lactobacilli* 균주 등
- 제한효소: HindIII, EcoRI, AluI
- PCR 반응용액(50 μL): 10 mM Tris-HCl(pH 8.3), 50 mM KCl, 25 mM $MgCl_2$, 2.5 mM 4종 dNTP, 50 pM 2종 프라이머, 50 ng 미생물 DNA, 1.25 U Taq polymerase
- 프라이머 2종: 16S rRNA(5′-GCTGGATCACCTCCTTTC-3′)와 23S rRNA(5′-CCTTTCCCTCACGGTACTG-3′)
- 1kb DNA 마커, 아가로스 파우더, ethidium bromide(EtBr)
- PCR 튜브(200 μL), 미량원심분리용 튜브(2 mL), 미세 피펫 및 팁
- 기구: Thermal cycler, 미량원심분리기, 아가로스 겔 전기영동장치

3) 실험방법

① 각 유산균주의 chromosomal DNA는 phenol/chloroform 추출방법 또는 다양한 상업용 분리 키트를 사용하여 분리한다.

② 대상 유전자의 증폭: PCR 반응용액을 200 μL 튜브에 담아 온화하게 혼합한 뒤 간단히 원심분리하여 반응용액을 튜브 바닥으로 모은다. 그 다음 튜브를

thermal cycler에 장착하고 95℃, 5분 동안 처리한 후 35 cycles(95℃ 30초, 65℃ 20초, 72℃ 60초) 동안 PCR을 실시한다. 반응이 끝난 튜브를 다음 단계를 위해 -20℃에 보관한다.

③ 전기영동을 실시하였을 때 염색되는 700 bp 크기의 주요 밴드를 도려내어 상업용 겔 정제 키트를 사용하여 정제한다. 이 정제된 DNA 밴드는 직접 서열분석과 blast tool을 이용해 균주를 동정할 수 있다. 서열 분석없이 RFLP방법으로 동정하고자 할 경우 다음의 방법을 따른다.

④ 제한효소 처리: 제한효소별 20 μL 반응 완충용액 내에 0.8 μg PCR amplicon 및 10 U 제한효소를 첨가하여 효소별 적정 온도에서 2시간 동안 반응시킨다.

⑤ 아가로스 겔 전기영동: 제한효소 처리된 각 시료와 1 kb DNA 마커를 사용하여 1.5% 아가로스 겔 전기영동을 실시한 후 EtBr로 염색하여 밴드 양상을 조사한다.

⑥ Han 등(2005)의 보고와 비교하여 실험대상 균주별 고유한 밴드 분리양상을 조사함으로써 균주의 종명을 명명할 수 있다.

4) 실험결과 및 고찰

균종별 고유한 밴드 양상을 조사하고 실험대상 균주인 미동정 균주의 밴드 분리양상과 비교하여 동정을 실시한다.

실험날짜		학번		이름	
실험제목					
실험원리					
실험재료					
실험방법					
실험결과 및 고찰					

참고문헌

강성태, 윤재영. 식품미생물학. 형설출판사, 2010.

강옥주, 김영목, 김정목, 조좌형. 재미있는 식품미생물학. 수학사, 2012.

권혁빈, 권세련, 권준영, 권혁추, 김경진. 생명과학 실험서. 라이프사이언스, 2011.

금종화, 김성영, 손규목, 조석금, 조정일. 최신 식품미생물학. 도서출판 효일, 2010.

김영재. 최신 식품미생물학. 월드사이언스, 2009.

김정환, 손흥수, 심상국, 윤원호. 식품미생물학 및 발효식품학 실험. 지구문화사, 2008.

노완섭, 김영지, 김왕준, 남진식, 배지현, 손규목, 유춘발, 정승원, 조갑연, 조덕봉, 조석금, 채기수. 식품미생물학. 지구문화사, 2007.

미생물 및 면역학분과회. 최신 실험미생물학. 도서출판 신일상사, 2001.

박신인, 남은숙. 식품미생물학 실험서. 도서출판 효일, 2004.

박영현, 박훈, 손천배, 송은, 이진우. NEW 식품미생물학 및 실험. 보문각, 2011.

박인국 역. 생화학 길라잡이. 라이프사이언스, 2004.

박철희, 김관천, 정병곤, 조기안 . 미생물학실험. 동화기술교역, 2006.

박헌국, 방병호, 소명환, 손흥수, 이재우, 정수현. 식품미생물학. 문운당, 2002.

소명환, 이호, 이효구, 홍재훈, 황한준. 현대 식품미생물학. 도서출판 효일, 2006.

송홍규, 오계헌. 최신환경미생물학. 동화기술, 1994.

식품의약품안전청. 보툴리즘. 식품의약품안전청, 2010.

식품의약품안전청. 식품공전. 식품의약품안전청, 2011.

신해헌, 차윤환, 한명륜, 조은아, 이정숙. 알기 쉬운 식품미생물학 & 실험. 교문사, 2012.

심우만, 심창환, 서현창, 박헌국. 식품미생물학. 문운당, 2009.

안병용, 박인숙, 김인규, 최연배. 식품미생물학 실험서. 석학당, 2004.

오태광. 보이지 않는 지구의 주인 미생물. 양문, 2008.

유태종, 홍재훈, 김영배, 이호, 김영애, 황한준, 소명환, 이효구 공저. 최신 식품미생물학. 문운당, 2002.

이흠숙, 강성태, 이숙경. 식품위생학. 형설출판사, 2008.

장재권, 양철영, 정하열. 실험 식품위생학. 형설출판사, 2010.

장현기, 김현오, 한면규, 이성동. 식품위생학 및 실험. 형설출판사, 1996.

전라남도 축산기술연구소. 미생물검사 교육교재. 전라남도 축산기술연구소, 2009.

전익렬, 김종국 역. 미생물과 인간. 월드사이언스, 2003.

조기성, 현형환, 장태용, 이현환, 남인영 역. 미생물학 길라잡이. 라이프사이언스, 2013.

주우홍 외 19인. 미생물학 입문. 월드사이언스, 2009.

한국미생물학회. 미생물학 실험서. 을유문화사, 1998.

한영숙, 박인숙, 범봉수, 강명화, 윤진아, 박훈, 박한나, 권기한. 발효식품. 파워북, 2012.

한영숙, 박신인, 엄애선, 김희경, 남은숙, 오지영, 박신영. 식품미생물학. 파워북, 2009.

허윤행, 김용관, 김재근, 배정설, 허성호. 식품미생물학 실험. 지구문화사, 2012.

허윤행, 송리라, 김재근, 강병태, 박인숙, 이웅수. 식품미생물학. 지구문화사, 2012.

홍재훈. 식품미생물학 실험서. 보문각, 2012.

A. E. Brown. *Benson's Microbiological Applications*. McGraw-Hill, 2006.

Han et al. Rapid identification of Lactobacillus acidophilus by restriction analysis of the 16S-23S rRNA intergenic spacer region and flanking 23S rRNA gene. *Biotechnology letters* 2005, 27: 1183-1188.

K. P. Talaro. 미생물학 길라잡이. 라이프사이언스, 2009.

S. S. MADER. 필수생명과학. 지코사이언스, 2007.

V. P. Prescott. 미생물학. 라이프사이언스, 2008.

API manual

참고문헌

ㅅ

ㅇ

ㅈ

저자소개

윤진아 배화여자대학교 식품영양과 겸임교수

강명화 호서대학교 식품영양학과 교수

김재한 충남대학교 식품영양학과 교수

김제중 서울과학기술대학교 식품공학과 강사

박 훈 선문대학교 식품과학과 교수

범봉수 경인여자대학교 식품영양과 교수

신경옥 삼육대학교 식품영양학과 교수

유창희 서울여자대학교 식품영양학과 초빙강의교수

한경식 삼육대학교 동물자원학과 교수

식품미생물학 및 실험

2014년 3월 5일 초판 인쇄
2014년 3월 10일 초판 발행

지은이 | 윤진아 강명화 김재한 김제중 박훈 범봉수 신경옥 유창희 한경식
발행인 | 유제구
발행처 | 파워북
주 소 | 서울 마포구 독막로 291-5 대동빌딩 4층
전 화 | (02) 730-1412
팩 스 | (02) 730-1410
등 록 | 1997. 1. 1 제 300-1997-13

정 가 19,000원
ISBN 978-89-8160-223-9 (93590)

잘못된 책은 바꿔드립니다.